OUVRAGE
[Sous]cription du Ministère de l'Agriculture
et du
[Conse]il Général du Gers
Médaille d'Argent
de la
[Société] des Agriculteurs de France

Troisième Edition

GUERRE
A LA
ROUTINE AGRICOLE

L'AGRICULTURE RELEVÉE

par la

Confection des Fumiers et Compost --- Engrais Chimiques --- Viticulture

Par MM. SANCE et SARRAT
Conférenciers agricoles
Directeurs de Cours de greffage, Membres de Sociétés agronomiques
Lauréats de plusieurs Concours

Instruire l'agriculteur
c'est enrichir le pays.

Prix : 1 fr. — 1 fr. 20 par la Poste

EN VENTE
Chez M. SANCE, à BÉDECHAN (Gers)
Chez tous les Libraires.

Troisième Edition

GUERRE

A LA

ROUTINE AGRICOLE

L'AGRICULTURE RELEVÉE

par la

Confection des Fumiers et Composts — Engrais Chimiques — Viticulture

Par MM. SANCE et SARRAT

Conférenciers agricoles

Directeurs de Cours de greffage, Membres de Sociétés agronomiques

Lauréats de plusieurs Concours

Instruire l'agriculteur c'est enrichir le pays.

Prix : 1 fr. — 1 fr. 20 par la Poste

EN VENTE

Chez M. SANCE, à BÉDÉCHAN (Gers)

Chez tous les Libraires.

INTRODUCTION

CHERS AGRICULTEURS,

Ce petit livre, quoique bien modeste et de peu d'étendue, contient de précieux conseils, propres à vous faire abandonner la routine et à augmenter rapidement vos revenus par de meilleures récoltes.

C'est le résumé de nos conférences, qui nous a été si souvent demandé.

Vous y trouverez, condensées en peu de mots, les trois importantes questions :

1° Les Fumiers et les Composts ; — 2° Les Engrais chimiques ; — 3° La reconstitution des Vignes par les plants américains.

Nous avons cherché à débarrasser ce travail de beaucoup de mots difficiles, pour rester à la portée de tous, sans pour cela être incomplets.

C'est le fruit de nos études, affermi par nos expériences personnelles, par des faits réalisés, non dans les laboratoires, mais sous la grange de la ferme et sur le champ du cultivateur, que nous vous présentons, avec la ferme conviction de vous être utiles, en vous procurant les faciles moyens de reprendre courage au milieu de la crise agricole que nous traversons.

Rappelez-vous, en parcourant ces quelques pages, que chaque chapitre a sa grande importance, car nous avons voulu faire un manuel très court et ménager votre temps.

Si nos efforts sont couronnés de succès, en décidant beaucoup d'entre vous à suivre nos conseils, ce sera notre meilleure récompense, et vous en serez les premiers et les mieux payés.

CHAPITRE PREMIER

NOTIONS PRÉLIMINAIRES

L'Agriculture. — L'agriculture est l'art de cultiver la terre pour en tirer, avec économie, le plus possible de produits utiles, tout en conservant au sol sa fertilité première.

Le travail de la terre est une industrie qui, comme toutes les autres, a besoin du secours de la science : dans ce petit manuel, nous ne nous occuperons guère que du côté pratique, c'est-à-dire, de l'art de faire produire, tout en nous réservant, pourtant, d'emprunter à la science ses découvertes les plus récentes et ses applications les plus utiles.

Pour bien s'approprier, dans la suite, le contenu de ce petit travail, quelques notions préliminaires nous ont paru utiles, sinon indispensables; aussi, avant de nous occuper de l'objet principal que nous nous sommes proposé, allons-nous dire quelques mots sur l'air, l'eau, la plante et le sol.

L'AIR

L'air, au milieu duquel nous vivons, est un gaz composé, une espèce de fumée. Bien que très léger, il a un certain poids, — 1 gramme 3 le décimètre cube ou litre; — plus transparent que le verre, l'air qui nous entoure échappe à notre vue quand il est en couches minces; mais si, par un temps clair, nous regardons au-dessus de nos têtes, il nous paraîtra bleu dans les couches immenses du ciel.

Sans air, le bois et la chandelle ne brûleraient pas : il est indispensable à la vie de l'homme, de l'animal et de la plante qui le respirent. L'animal respire par la bouche et les narines, la plante par ses feuilles.

Composition de l'air. — L'air se compose de trois gaz : l'*oxygène*, *l'azote* et le *carbone*.

L'*oxygène* est la partie la plus active de l'air, celle sans laquelle le feu ne pourrait pas brûler ; il engendre les acides.

L'*azote* tout seul tuerait les animaux, les végétaux et éteindrait les corps enflammés ; sans mélange d'azote, l'oxygène brûlerait les organes qui le respirent, et si la Providence l'a associé à l'oxygène, c'est pour détruire, en partie, la trop grande énergie de ce dernier.

De plus, comme nous le verrons plus loin, l'azote fournit aux animaux et aux plantes un des éléments les plus nécessaires à leur organisation et à leur accroissement.

Le *carbone*, ou mieux l'acide carbonique, est ce gaz bien connu qui se dégage au haut d'un tonneau rempli de vendange en ébullition : il éteindra la bougie si vous en y portez une, comme il vous asphyxierait vous-même, si vous le respiriez. De même, un réchaud de charbon de bois, mis dans une chambre bien close, dégagerait assez d'acide carbonique pour tuer les personnes qui y seraient renfermées.

Il y a dans l'air, sur 100 parties : 21 parties d'oxygène, 79 d'azote et une de carbone.

Trois instruments servent à nous rendre compte de l'état de l'air ou de l'atmosphère, ce sont :

1° Le *thermomètre*, qui sert à mesurer la chaleur; 2° le *baromètre*, qui sert à mesurer la pesanteur de l'air, et 3° enfin, l'*hygromètre*, qui sert à mesurer le degré d'humidité de l'air. On trouve, souvent, ces trois instruments réunis sur une même planchette.

Un cultivateur, sachant se servir de ces trois objets, — qu'il n'a d'ailleurs qu'à consulter, — peut prévoir, d'une manière à peu près certaine, le temps qu'il va faire le jour, la nuit et même le lendemain : on comprend, dès lors, combien ils peuvent lui être précieux.

L'EAU

L'*eau*, si répandue sur la terre, que tout le monde connaît, est un liquide composé d'*hydrogène* et d'*oxygène*, dans la proportion de deux parties d'hydrogène et d'une d'oxygène.

Nous avons vu ce que c'est que l'oxygène; quant à l'*hydrogène*, c'est un gaz 14 1/2 fois plus léger que l'air; il brûle en donnant une flamme pâle; mélangé à du charbon, il produit le gaz d'éclairage.

L'eau vient des nuages et peut se présenter sous trois aspects : 1° Sous forme de liquide transparent : elle n'a alors ni odeur, ni saveur;

2° Sous forme de vapeur : on l'obtient ainsi en la chauffant;

3° Sous forme de glace : elle se présente ainsi quand le thermomètre descend au-dessous de zéro.

La pluie en tombant s'enfonce dans la terre ou court à sa surface : celle qui court s'en va directement au ruisseau ou à la rivière; celle qui s'enfonce, s'écoule lentement à travers la terre jusqu'à ce qu'elle rencontre des couches qu'elle ne peut pénétrer. Là, elle fait comme celle qui est à la surface, elle coule jusqu'à ce qu'elle trouve une sortie : c'est alors une source. Souvent aussi, elle forme de grands réservoirs souterrains.

Sans eau, les plantes ne pourraient pas vivre : les racines des plantes pompent l'eau, après que celle-ci a dissout les sucs ou sels dont elles se nourrissent; elle les entraîne et les fait pénétrer dans leurs tissus pour les conduire jusqu'aux extrémités les plus reculées du végétal.

Si les racines pompent l'eau, les feuilles, au contraire, au contact de l'air, en laissent échapper une partie. On peut s'assurer du fait en plaçant une plante sous une cloche : on ne tardera pas à s'apercevoir que cette dernière se couvre d'humidité.

Quand les plantes manquent d'eau, il faut, quand c'est possible, les arroser.

Si l'eau est un bienfait pour les plantes, elle peut aussi leur être un mal, car trop d'humidité pourrit les racines et entraîne loin d'elles les substances formant leur nourriture.

Dans une terre trop humide, le drainage s'impose; les effets du drainage sont multiples : 1° Par le drainage, la terre se refroidit moins, attendu qu'il y a moins d'évaporation à la surface, et que toute évaporation, comme toute dissolution, produit un refroidissement.

2° Les terres drainées gardent plus de fraicheur que les autres; cela tient à ce que dans ces terres, l'écoulement des eaux se fait librement, et d'un autre côté, à ce que l'humidité, des couches inférieures, tend à remonter par l'effet de la capillarité ;

3° En outre, les tuyaux souterrains permettent à l'air de pénétrer dans l'intérieur du sol, et de le faire, pour ainsi dire, respirer ;

4° Les terres drainées mûrissent plus vite leurs récoltes.

LA PLANTE

Les *plantes* sont des êtres vivants, tout comme les personnes et les animaux : elles naissent, croissent, respirent, meurent et se reproduisent en donnant naissance à des êtres qui leur ressemblent ; mais elles sont privées de mouvement et leur organisation diffère totalement de celle des animaux.

Organes de la plante. — On appelle organes d'une plante, les parties qui concourent à sa conservation, à sa vie, à son accroissement et à sa reproduction.

Les principaux organes de la plante sont : la *racine*, la *tige*, les *feuilles* et la *fleur*.

La *racine* est la partie qui s'enfonce à terre et y fixe la plante. La racine est munie de petits filaments appelés *chevelu*, et c'est l'extrémité de ces minces cheveux qui, comme autant de petites bouches, pompent dans la terre des sucs destinés à la vie de la plante : ces sucs forment la *sève*, liquide nourricier de la plante, son sang pour ainsi dire.

La *tige*, qui fait suite aux racines, en s'élevant au-dessus du sol, porte les branches, les feuilles, les fleurs et les fruits.

C'est par la tige que passe la sève. Le point de la plante, placé ras-de-terre, qui sépare les racines de la tige, s'appelle le *collet*.

Les *feuilles* sont les organes de la respiration des plantes, ce sont en quelque sorte leurs *poumons*.

Le rôle des feuilles est très important dans la vie de la plante :

Tout d'abord, elles puissent dans l'air un des principaux éléments de la formation de leurs tissus, le carbone, dont nous avons parlé; puis certaines plantes, dites *légumineuses*, y puisent aussi l'azote ; en outre, les feuilles contribuent à l'élaboration de la sève, car la sève parvenue aux feuilles y subit des transformations, y perd de son eau par le contact de l'air et de la chaleur, s'y épaissit, entre dans diverses combinaisons, descend enfin dans le corps de la plante et y forme, chaque année, une nouvelle couche de tissus. Enlever des feuilles à une plante, c'est l'affaiblir.

Chaque espèce de feuille transforme la sève de façon à la rendre propre au fruit que la branche doit porter : c'est la sève qui descend qui fait le fruit; aussi, pourrait-on dire, en quelque sorte, que les feuilles *cuisinent* les aliments destinés au fruit.

Voilà pourquoi un *greffon*, implanté dans un cognassier ou un sauvageon, donne des fruits pareils à ceux de l'arbre où il a été pris, et non, des coings ou des fruits amers, bien que la sève attirée, soit puisée par les racines d'un cognassier ou d'un sauvageon.

La *fleur* qui, par sa beauté attire souvent nos regards, est un petit berceau contenant les organes destinés à produire le fruit ou la graine, quelquefois les deux.

La fleur renferme les *étamines*, le *pistil* et les *pétales*.

Les *étamines* sont de petits filets surmontés d'un petit sac rempli d'une poussière appelée *pollen*, nécessaire à la fécondation des graines.

Le *pistil* est le centre de la fleur qui reçoit la poussière fécondante et qui pénètre dans la base renflée de la fleur qu'on appelle *ovaire*.

Cette fécondation une fois opérée, la fleur se flétrit, les *pétales* ou petites feuilles de la fleur tombent ainsi que les étamines et le pistil : l'ovaire seul grossit avec les graines et le fruit. Les différentes parties de la fleur sont soutenues et entourées par d'autres petites feuilles, vertes celles-ci, et appelées *sépales*, formant ensemble le *calice*.

GRAIN ET FRUIT

Dans certaines espèces de plantes, le fruit et la graine ne sont qu'une seule et même chose; dans d'autres, ces deux parties sont bien distinctes. Le blé, par exemple, est à la fois grain et fruit; la gousse des poids, des fèves, la capsule du pavot sont des fruits, tout comme la poire et la pomme.

LA GRAINE MISE EN TERRE

La graine contient un germe, c'est-à-dire, une petite plante en raccourci qu'on peut voir en ouvrant une fève ou un haricot.

Une fois en terre, l'humidité et la chaleur font enfler la graine; le germe pousse et perce la pellicule de la graine des deux côtés : la racine qui se dirige en bas, et puis, la tige qui se dirige en haut. La tige sortie de terre prend des feuilles qui, souvent, ne ressemblent pas du tout à celles qu'elle aura devenue grande; ensuite elle pousse, développe ses racines, sa tige et ses feuilles; puis elle fleurit, fructifie, et enfin, selon l'espèce, elle continue à vivre ou bien meurt : le blé meurt, c'est une plante annuelle; la luzerne vit, c'est une plante vivace.

OBSERVATION TRÈS IMPORTANTE

Si la plante meurt avant que la graine soit mûre, la graine périt aussi; mais si cette graine a cependant pris tout son développement, elle mûrit fort bien sur la tige morte ou séparée de ses racines, témoin le blé et le colza qui achèvent quand même leur maturité en tas. Pour ces plantes et quelques autres, il y a tout avantage à les couper assez tôt : on évite ainsi des pertes qu'on ne peut prévenir qu'en récoltant avant la complète maturité.

Dans notre pays, le blé, en général, est coupé trop tard; il serait très sage de devancer la moisson, car la perte des grains qui tombent est d'autant plus sensible que ces grains-là sont les premiers qui mûrissent, les plus beaux, les meilleurs et les mieux constitués. La paille coupée tôt est de qualité supérieure à celle coupée tard; il en est de même du blé : il est plus lustré, plus marchand; il a plus de poids, plus de volume.

Quand la partie de la tige de blé, immédiatement au-dessous de l'épi, est jaune, on peut commencer la moisson, et il faut y procéder au plus tard, quand le grain bien luisant, mais encore tendre, peut assez facilement être coupé avec l'ongle; passé ce point de maturité, on perd en poids, en quantité et en qualité. Tout ce qui précède est le résultat d'expériences sérieuses, et celui qui écrit ces lignes, en agissant, comme il vient d'être dit, est arrivé à avoir du blé pesant 86 kilos à l'hectolitre.

CLASSIFICATION DES PLANTES

En agriculture, la classification des plantes peut être fort simple : on peut tout d'abord les diviser en plantes *annuelles*, *bisannuelles* et *vivaces*.

Les plantes *annuelles* sont celles qui vivent un an, une saison : blé, maïs, haricots ;

Les plantes *bisannuelles* sont celles qui vivent deux ans : choux, betteraves, trèfle des prés ;

Les plantes *vivaces* sont celles dont la vie est illimitée : luzerne, herbe des prés, etc.

Puis, on peut les ranger en : *graminées* et *légumineuses*.

Les plantes *graminées* forment la classe qui contient le plus de plantes utiles aux hommes et aux animaux.

Les plantes graminées destinées aux hommes sont : le blé, le seigle, l'avoine, l'orge, le riz, le maïs, etc.

Les plantes de cette classe destinées aux animaux sont : l'ivraie ou ray-gras, le fromental, la fléole, la flouve, le vulpin, etc.

Les *légumineuses* sont des plantes dont la graine est renfermée dans une gousse, telles que : les pois, les vesces, les fèves, la luzerne, le sainfoin, le trèfle, le farouch, etc.

On peut les distinguer aussi en plantes *alimentaires* : haricots, lentilles, pommes de terre ; *fourra-*

gères : foin, trèfle, luzerne, vesce, sainfoin destinées à être consommées en sec.

Industrielles : œillette, colza, garance, betterave sucrière, etc.

Voici encore d'autres classes :

Les *linées,* telles que le lin ;

Les *crucifères,* dont la fleur est en forme de croix : le choux, le colza, le navet, etc.;

Les *papillonacées,* dont la fleur ressemble à un papillon, et qui comprennent les légumineuses : fèves, vesces, pois, sainfoin, luzerne, dont la graine est enfermée dans une gousse ;

Les *ombellifères,* dont la fleur ressemble à une ombrelle : la carotte, etc.;

Les *cannabinées,* telles que le chanvre et le houblon ;

Les *les polygonées,* comme le sarrazin, dont la graine a la forme d'un polygone ;

Les *solanées,* telles que la pomme de terre et le tabac ;

Les *rosacées,* telles que l'amandier, le prunier;

Les *chénopodées,* telles que la betterave, etc., etc.

CHAPITRE II

LE SOL

On appelle *sol*, *terre végétale* ou *terre arable*, la couche de terre superficielle, remuée par la charrue et autres instruments d'usage ordinaire, et propre surtout à la culture des plantes : c'est là que ces dernières naissent, c'est là qu'elles poussent, c'est là qu'elles tiennent par leurs racines.

CLASSIFICATION DES TERRES

Les terres ou sols peuvent être classées de deux façons : 1° selon la composition de leurs éléments; 2° selon leurs qualités.

1° D'après les proportions de leurs éléments, les terres sont dites : *argileuses*, *calcaires*, *siliceuses*.

TERRE ARGILEUSE

La terre *argileuse* ou terre *glaise* est blanche, rouge ou brune : c'est la terre à tuile. Les plats, les assiettes, les pots, etc., de quelque couleur qu'ils soient, sont, pour la plus grande partie, le produit de sa composition.

L'argile est une combinaison d'acide silicique, d'alumine et d'eau; on la reconnait en ce qu'elle est douce au toucher, qu'elle happe à la langue, s'y colle et s'y attache avec une certaine force. Pendant ou après la pluie, elle exhale une odeur particulière. Elle absorbe une grande quantité d'eau, et ne la cède que lentement. Sous l'action de la chaleur, elle se fendille et devient alors d'un travail fort difficile; en hiver, par un peu d'humidité, cette terre se colle fortement aux outils. Elle décompose lentement le fumier, et est dite, pour cette raison, terre *froide*. Le blé, les fourrages et les récoltes printanières y donnent de bons produits : les gelées et le drainage font merveille dans ces terrains.

TERRE CALCAIRE

La terre *calcaire* est celle où domine la pierre à chaux, la pierre à bâtir, soit à l'état de pierraille, soit à l'état de poudre ou de poussière. Plus ces terres contiennent de la chaux, moins elles sont propres à la culture : la sécheresse y fait périr les plantes et le sol se crevasse. En hiver, l'humidité les réduit en bouillie, et, s'il survient des gelées, les plantes sont soulevées, déchirées, déchaussées. Les engrais, trop vite décomposés par ces terres, ne peuvent être utilisés par les plantes.

Les plantes qui se conviennent le mieux dans ces sortes de terrains, sont : le sainfoin, la luzerne, l'orge, etc.

TERRE SILICEUSE

La terre *siliceuse* se présente sous forme de sable, de graviers, de cailloux : la pierre à fusil et la pierre meulière sont de la silice pure. Le toucher de ces terres est rugueux; elles ne peuvent former seules une pâte liante; elles sont d'un travail facile, ne craignent point l'humidité et laissent passer l'eau comme à travers un crible. Ces terres sont d'autant plus fertiles que leur finesse est plus ténue; on les désigne souvent sous le nom de terrains secs.

Laissées incultes, ces terres se couvrent souvent de bruyères et de fougères; elles conviennent aux plantes qui craignent peu la sécheresse, comme le seigle, l'avoine, etc., ou à certains autres produits végétaux, tels que la pomme de terre et la vigne.

Tels sont les principaux terrains qui se rencontrent tantôt purs, tantôt mélangés. Le plus parfait des terrains serait celui qui présenterait le mélange le plus complet de ces terres, et le plus mauvais, celui qui serait le plus pur, c'est-à-dire, celui qui ne contiendrait que du calcaire seul, de l'argile seule ou de la silice seule.

MANIÈRE DE RECONNAITRE LA PROPORTION D'ARGILE, DE CALCAIRE ET DE SILICE DANS UNE TERRE

Prenez quelques poignées de terre en divers endroits de votre champ. Faites-la sécher dans un four d'où l'on vient de retirer le pain. Après dessication, prenez-en un kilo; broyez, réduisez en poussière. Jetez cette poussière dans un vase contenant de l'eau distillée ou de l'eau de pluie. Agitez le contenu. La silice lourde et insoluble reste au fond du vase. Après décantation, on ajoute une autre quantité d'eau et l'on répète la première opération jusqu'à ce que le contenu reste clair. La silice est séchée et pesée; l'argile et les sels de chaux ont été entraînés par l'eau à chaque décantation. En versant dans le bocal où ils ont été recueillis quelques gouttes d'acide chlorhydrique, le calcaire se dissout. Quand il ne forme plus de mousse, on verse dans un filtre; on sèche et l'on pèse comme pour la silice : en défalquant du kilo de terre soumis à l'expérience le poids de la silice et de l'argile, il reste celui des sels de chaux. D'après ce qui précède, chacun peut donc facilement, avec un peu de bonne volonté, analyser son terrain pour en connaître les éléments qui s'y trouvent et y apporter ceux qui manquent.

Une terre se trouvera dans des proportions convenables d'éléments, quand elle contiendra sur cent parties :

1° Argile et sables fins.......	25 à 30.
2° Sables grossiers..........	50 à 60.
3° Calcaire..................	7 à 10.

Ces chiffres représentent la proportion des éléments des terres *franches*, dont il sera parlé un peu plus loin, lesquelles contiennent en plus de 5 à 10 parties d'*humus*.

Quand les éléments constitutifs d'un sol sont reconnus, le premier travail d'un bon cultivateur est de porter sur ce sol, s'il veut en retirer quelque profit, l'élément ou les éléments qui lui manquent; cela s'appelle *amender une terre*.

Selon que l'un des trois éléments : argile, calcaire ou silice, domine dans un sol, on désigne ce sol en nommant d'abord l'élément qui domine le plus; ainsi l'on dit : *argilo-calcaire, argilo-siliceux* quand l'argile domine.

On dirait de même : *silico-argileux, silico-calcaire*, si le silice dominait.

Les meilleurs sols sont ceux qui sont formés avec le mélange le plus complet et les proportions indiquées plus haut. Un pareil mélange neutralise les mauvaises qualités sans nuire aux bonnes : il rend l'argile moins serrée, le calcaire moins brûlant, la silice ou le sable moins mouvant.

De plus, toutes les plantes ont besoin de ces trois éléments pour vivre; ils agissent sur elles chacun à sa façon.

Les terrains d'*alluvions* sont les meilleurs de tous parce qu'ils présentent le mélange le plus parfait. Ces terrains sont formés de dépôts successifs d'éléments divers, amassés par les eaux dans les plaines depuis des siècles. Ils sont d'une grande fertilité.

L'*humus* est encore un élément de la terre, et dès que celle-ci en contient 10 pour 100, elle est dite terre de jardin et est très fertile. On constate la présence de l'humus en brûlant, sur une pelle rougie au feu, un peu de cette terre : elle exhalera une odeur de paille si l'humus provient de débris végétaux, et une odeur de corne ou de plume s'il provient de débris animaux.

Tout terrain bien cultivé, bien amendé, bien fumé doit finir, avec le temps, par devenir terre de jardin.

2° TERRES SELON LEURS QUALITÉS

Les terres, selon leurs qualités, peuvent se diviser comme il suit : *franches*, *fortes*, *légères*, *froides*, *chaudes*.

Les terres *franches* sont les meilleures : il s'agit de les tenir dans l'état où elles sont. Elles contiennent de l'humus, se travaillent facilement, retiennent l'humidité sans être imperméables, décomposent peu à peu les engrais et donnent ainsi aux plantes le temps de les absorber.

Les terres *fortes* sont celles où l'argile domine : elles sont compactes, serrées, lourdes, tenaces à la charrue; elles retiennent l'eau trop longtemps et la chaleur les sèche et les durcit comme un morceau de poterie; amendées, elles donnent de bons rendements. On les corrige en y portant : sable, silice, calcaire, marne, chaux, plâtre, débris de démolitions, etc.

Les terres *légères* sont celles formées de sable où domine la silice ou le sable non calcaire. Toujours d'un travail facile, elles rapportent peu généralement : il faut les amender avec de l'argile.

Les terres *froides* sont celles qui sont humides; l'évaporation produit sur elles le refroidissement : les terrains tourbeux se trouvent dans ce cas et ne deviennent de quelque fertilité que par le drainage et l'apport d'amendements, tels que la chaux ou la marne.

Les terres *chaudes* sont celles qui sont sèches : elles manquent d'humidité ; il faut les défoncer et les amender avec de l'argile; elles sont blanches d'ordinaire et formées de calcaire : elles consomment le fumier si vite qu'on dirait qu'elles le brûlent. Ces terres peuvent aussi brûler les plantes à cause de la réverbération solaire.

DU SOUS-SOL

Le *sous-sol* est la partie du terrain qui vient immédiatement au-dessous du sol ou terre arable.

Le sous-sol se compose souvent des mêmes éléments que le sol; mais aussi, différents de celui-ci. Dans ce dernier cas, le sous-sol peut servir à amender le sol. Des labours profonds suffisent en général, mais on doit procéder à cette opération avec lenteur et par degrés, de façon à laisser toujours l'humus à la portée des racines des plantes. Quand le sous-sol est imperméable, le drainage est de toute utilité.

AMENDEMENTS

Comme nous l'avons déjà vu, il faut que la terre, dans sa composition, présente différents éléments propres à la nourriture et au développement des plantes. Toutes les plantes ne demandent pas les mêmes éléments, mais il faut donner à chacune d'elles l'élément de sa prédilection, et pour cela, il est nécessaire que la plante puisse le trouver dans une terre qui ne soit ni trop compacte, ni trop meuble, ni trop lourde, ni trop légère, ni trop humide, ni trop sèche, etc. On arrive à un tel résultat, par le moyen des *amendements*. Amender un terrain, c'est le corriger de ses défauts.

La première des conditions pour améliorer un sol, c'est de le rendre profond; puis, par des travaux successifs et l'apport de substances diverses arriver à en changer la constitution minéralogique, de façon à accroître la ténacité de la terre légère en y mettant de l'argile; d'augmenter l'humidité des terres sèches par le défoncement; de diminuer celle des terrains humides par le drainage, de combattre la ténacité des terres fortes ou argileuses par l'apport de sables, de marnes calcaires, de pierrailles, de plâtras de démolitions, etc., etc.

CHAPITRE III

ENGRAIS OU MATIÈRES FERTILISANTES

On appelle *engrais* toutes les matières fertilisantes qu'on met dans le sol pour le rendre plus productif.

Il faut distinguer entre les engrais et les amendements.

Les *engrais,* tels que le fumier et le terreau, etc., fournissent aux plantes des aliments ; tandis que les *amendements* ne font guère que *modifier* l'état, la composition du sol.

Il serait cependant juste de reconnaître que tous les engrais servent d'amendements et que tous les amendements servent un peu d'engrais.

NOURRITURE DES PLANTES

Il est aujourd'hui parfaitement reconnu que toutes les plantes se nourrissent de *quatorze éléments*, savoir :

Eléments Organiques

1° *Azote* (se trouve en mélange dans l'air) (1).
2° *Oxygène* (se trouve dans l'air ou dans l'eau.)
3° *Hydrogène* (forme l'eau combiné avec l'oxygène.)
4° *Carbone* (qui est du charbon pur.)

} Quand on brûle les plantes, ces quatre éléments s'échappent en gaz, vapeurs ou fumée.

---

(1) Retenir ce nom très important.

Eléments dits Minéraux

5° *Acide phosphorique* (se trouve en quantité dans les os);

6° *Chaux* (tout le monde la connaît);

7° *Potasse* (se trouve dans les cendres et sert au blanchîment du linge);

8° *Soude* (plante des bords de la mer dont on tire la soude servant à la fabrication du verre et du savon);

9° *Fer* métal (gris bien connu de tous);

10° *Magnésie* (sel blanc employé comme purgatif);

11° *Silicium* (qui est un élément du sable);

12° *Chlore* (matière jaune verdâtre à odeur âcre, sert seul ou combiné à désinfecter et à décolorer);

13° *Manganèse* (métal gris d'acier très employé dans l'industrie);

14° *Soufre* (matière d'un jaune-clair qui s'enflamme facilement; il est connu de tout le monde).

Toutes les plantes demandent pour se développer ces quatorze éléments, et l'on est, actuellement, bien fixé sur ce point, grâce aux expériences *synthétiques* (ce qui veut dire expériences de reconstitution) de nos savants agronomes, principalement de M. Georges Ville.

Ce patient chercheur, après avoir trouvé et séparé les quatorze éléments ci-dessus, a voulu refaire des plantes semblables à celles qu'il avait divisées ainsi (sans en rien perdre) en quatorze espèces de matériaux.

Pour cela, M. Georges Ville a rempli de verre pilé et de sable rougi au feu, une série de pots en porcelaine, puis il a répandu ou mélangé dans chaque pot, avec la substance qu'il contenait, un ou plusieurs éléments nourriciers dont il a été question ci-dessus; ce premier travail fini, il a semé, dans chaque pot, un nombre égal de grains de blé, en ayant soin d'arroser un peu tous les jours avec de l'eau distillée.

Eh bien, savez-vous ce qui est arrivé? Le blé venu dans le pot ayant reçu les dix éléments minéraux, qui restent dans les cendres, plus l'azote, a été celui qui a fourni la plus forte récolte, avec des tiges, dépassant de près du double, celles des autres pots. Donc, il faut conclure de ces savantes recherches, (souvent répétées depuis trente ans) que, si la plante peut vivre avec 10, 11, 12, 13 éléments, elle ne peut atteindre son plus grand développement qu'autant qu'elle trouve à sa portée son festin complet de quatorze plats.

On doit se rappeler que nous avons déjà vu que la plante puise dans l'air et dans l'eau, l'oxygène, l'hydrogène et le carbone.

N'allez pas croire, bons agriculteurs, que malgré ce qui vient d'être dit, il soit nécessaire d'ajouter à vos terres, pour chaque récolte, une série de quatorze drogues! Non, le sol ne vous réclame, pour fabriquer toutes sortes de plantes utiles, que quatre éléments, savoir :

1° *L'acide phosphorique;* 2° *L'azote;* 3° *La potasse;* 4° *La chaux.*	Ces éléments peuvent manquer ou être insuffisants dans le sol.

Quant aux dix autres éléments, la plante les trouve en abondance soit dans la terre, soit dans l'eau, soit enfin dans l'air. Comment se procurera-t-on donc les quatre autres éléments? C'est ce que nous allons indiquer dans les lignes suivantes.

DU FUMIER

On désigne sous le nom de *fumier*, les pailles, les feuilles, les bruyères, etc., qui ont servi de litière aux animaux domestiques, qui ont été imprégnées de leurs urines, mélangées à leurs excréments et qui, après ce mélange, ont subi, par la fermentation, un degré plus ou moins avancé de décomposition.

Vu la provenance du fumier, il ne peut contenir autre chose que les éléments constitutifs des plantes, et doit être regardé comme le plus complet des engrais, quant au nombre des éléments qu'il renferme.

Si nous affirmons que le fumier est le plus complet des engrais, c'est parce qu'il contient *absolument tous* les aliments des plantes, soit les quatorze dont nous avons déjà parlé.

OU FAUT-IL TENIR LE FUMIER ?

Pour que le fumier conserve toutes ses propriétés fertilisantes, il doit être mis à l'abri, sous une grange ou un hangar. Le sol de ce hangar doit, comme celui de l'étable, être imperméable, c'est-à-dire, cimenté ou, tout au moins, recouvert d'une bonne couche d'argile bien battue, avoir une légère pente vers un coin, afin que le purin, précieux élément du fumier, ne s'infiltre pas dans la terre. Une petite rigole entourera le tas de trois côtés : elle sera destinée à recevoir le purin pour être conduit dans une fosse imperméable aussi, ou dans une barrique défoncée qu'on aura eu soin d'enfouir en terre jusqu'au niveau du sol.

CE QU'IL FAUT FAIRE DU PURIN

Le purin doit servir uniquement à arroser le fumier. Cet arrosage empêchera le fumier de se dessécher et de prendre ce qu'on appelle le *blanc*. Tout fumier qui a pris le blanc est à peu près perdu. Certains propriétaires se servent de ce liquide pour arroser leurs blés pâlis ou leurs prés, après l'avoir étendu de deux ou trois fois son volume d'eau : cent fois mieux vaut, rendre au fumier ce qui appartient au fumier, et cela, sous peine de le priver de la meilleure, de la plus active partie de ses éléments, et d'avoir, de cette façon, un fumier incomplet : s'il est incomplet, dans quelques-unes de ses parties, comment le cultivateur se rendra-t-il compte des proportions de ses qualités fertilisantes? Il ne le pourra pas et agira au hasard.

LE FUMIER DE FERME A BESOIN D'ÊTRE COMPLÉTÉ

La terre pour produire de beaux et bons résultats qui payent le cultivateur de ses peines et de ses sueurs doit contenir assez *d'azote*, assez *d'acide phosphorique*, assez *de potasse* et assez *de chaux*. Or, d'après M. Georges Ville lui-même, l'analyse de 100 kilos de fumier ordinaire donne assez d'azote, de potasse et de chaux, mais elle révèle, par contre, le manque de l'acide phosphorique : de là, nécessité de compléter le fumier de ferme en y introduisant l'élément qui fait défaut.

COMMENT ON PEUT AVOIR UN FUMIER COMPLET

On arrivera à compléter le fumier de ferme : 1° En jetant sur la litière, par jour et par tête de gros bétail, un kilo de *phosphate simple* du Lot, dosant 15 à 20 d'acide phosphorique : ce phosphate, espèce de poudre rougeâtre, se mélange avec le purin et les déjections animales, et dans cette situation, aidé par la chaleur du fumier et celle des animaux, peu à peu, son acide phosphorique devient assimilable. Cette transformation se continuera dans un tas de fumier bien entretenu; 2° En ne laissant rien perdre au fumier des éléments qu'il possède à sa sortie de l'étable : ceci est une chose des plus importantes.

Dans ce but, il convient de mettre le fumier à couvert et hors des atteintes :

1° Des griffes des poules qui, par leurs grattages successifs, l'éparpillent aux quatre vents du ciel; 2° du soleil qui le dessèche, pompe ses éléments les plus subtils, — gaz ammoniacaux, — et les disperse dans l'atmosphère, privant ainsi le fumier de ses qualités les meilleures; 3° de la pluie qui le lave, fond les sels qu'il contient, les entraîne au fossé voisin, et de là à la rivière, pour ne jamais plus les revoir. Sous une grange, ni poules, ni soleil, ni pluie ne peuvent détériorer le fumier, et l'on peut ajouter, sans crainte de se tromper que, le fumier, traité comme il vient d'être dit, et puis, comme on va encore l'exposer, ne peut perdre la plus petite particule des principes fertilisants qu'il possédait tout d'abord, mais qu'au contraire, il en acquiert de nouveaux, et par conséquent s'améliore.

COMMENT ON PEUT AMÉLIORER LE FUMIER

Tiré de l'étable, le fumier, déjà phosphaté, est porté sous la grange ou le hangar qui lui est destiné; on l'étend en une couche d'égale épaisseur; cela fait, on le piétine fortement et uniformément, afin que cette couche soit bien homogène; cette première opération terminée, on jette par dessus : 1° La colombine que l'on possède; 2° les excréments humains et urines provenant des vidanges; 3° les cendres lessivées ou non, en un mot, tout ce qui pourrait se perdre, mais donner au fumier un nouveau surcroît d'éléments. Après ces diverses opérations, on répand encore sur le tas de 100 à 150 grammes de *sulfate de fer* par mètre carré, et en plus 200 à 300 grammes de superphosphate riche.

Quand tout cela est terminé, on recouvre le tas de fumier d'une couche de terre de 10 à 11 centimètres d'épaisseur. Cette terre est émottée, pulvérisée; une fois dans cet état, il faut avoir soin de la remuer une fois par jour avec un râteau à pointes de fer de 9 à 10 centimètres de long. Le travail au râteau ne demande pas plus d'une minute ou deux, et peut se faire pendant que les animaux mangent la brassée de paille qu'on leur sert ordinairement chaque jour avant le repas principal; ce n'est pas, à proprement parler, un travail de plus, mais une simple habitude journalière à contracter.

CE QUI ARRIVE EN REMUANT CHAQUE JOUR LA TERRE MISE SUR LE TAS

Par la trituration, la pulvérisation et le remuement journalier de la terre, l'air pénètre dans cette couche, il s'y emprisonne en y laissant chaque fois l'*azote* dont l'air contient *quatre cinquièmes* ou environ 80 parties sur 100. Un mètre cube de terre, ainsi traitée, et *s'azotant*, renferme, d'après M. Dehérain, 1 kilo 340 grammes d'azote. Or, si les tas ont une surface de 20 mètres carrés, ou 5 mètres de long sur 4, ce tas contiendra 2 mètres cubes de terre, et par suite, 2 kilos 680 grammes d'*azote*.

D'un autre côté, cette couche de terre arrêtera toutes les émanations qui pourraient s'échapper du fumier, et désormais, ni pluie, ni soleil, ni poules n'y pourront causer le moindre préjudice, au contraire, ces dernières pourront à leur aise aller émousser leurs ongles sur la terre du fumier : plus elles gratteront, et mieux ça ira.

En procédant ainsi, on améliore le fumier; mais ne ferait-on que lui conserver ses qualités primitives, on serait bien récompensé du surcroît de travail que cela coûte; mais ce n'est pas tout : examinez la hauteur de votre tas, elle est double de celle du voisin! Après dix opérations comme celle dont on a parlé plus haut, on obtiendra 20 mètres cubes d'une excellente fumure en plus, à porter dans les champs. Or, cette quantité est, dans notre pays, la fumure d'un hectare; mais, comme dans le courant de l'année, on peut répéter cette opération au moins quatre fois, c'est quatre hectares que l'on pourra fumer en plus, et bien fumer : on le verra tout à l'heure. N'est-ce pas un résultat magnifique pour une petite propriété ?

Il va de soi que, dans une grande exploitation, où l'on possède beaucoup d'animaux, les résultats seraient, toutes proportions gardées, tout à fait identiques.

On se plaint beaucoup que la terre ne rapporte pas comme autrefois ; ne serait-ce pas un peu notre faute ? Ne serait-ce pas parce que l'on donne toujours à la terre du mauvais fumier ? Aussi, cette pauvre terre va sans cesse s'épuisant, et pourtant, on voudrait qu'elle produisît beaucoup, alors qu'on lui rend si peu !

A-t-on jamais vu, en notre pays, donner à cette bonne mère, depuis le déluge, une seule fois, une fumure complète, une fumure d'engrais de ferme ayant conservé tous ses éléments fertilisants : *azote, acide phosphorique, potasse* et *chaux*, ou les lui ayant donnés en proportions convenables ? Qu'on réponde ?

QUELLE EST LA VALEUR DU FUMIER DE FERME PRÉPARÉ COMME IL VIENT D'ÊTRE DIT ?

Traité comme il vient d'être dit, le fumier de ferme peut rivaliser avec n'importe quel engrais chimique : l'*azote*, l'*acide phophorique*, la *potasse* et la *chaux* sont tous, chez lui, en quantité plus considérable que dans les formules les plus fortes, les plus riches d'engrais industriels achetés bien cher.

D'après l'analyse, 100 kilos de fumier de ferme ordinaire contiennent :

Azote	450	grammes.
Acide phosphorique....	130	—
Potasse	490	—
Chaux	550	—

Si l'on calcule sur 20,000 kilos, fumure d'un hectare, on aura :

Azote	90	kilos.
Acide phosphorique	26	—
Potasse	98	—
Chaux	110	—

En examinant les chiffres ci-dessus, on voit que l'*acide phosphorique* manque au moins pour près des 2/3, mais si l'on a eu soin de répandre à l'étable des *phosphates du Lot dosant 15 à 20 d'acide phosphorique*, et que l'on ait cinq têtes de bétail seulement à l'étable, en 100 jours, cela fera cinq balles, et au moins 75 kilos d'acide phosphorique assimilable, plus les 26 kilos provenant du fumier, cela va à 101 kilos; mais il a été dit que l'on doit répandre sur chaque couche de fumier, et par mètre carré de 200 à 300 grammes de superphosphates; or, cet épandage donnera bien de 4 à 5 kilos d'acide phosphorique. On arrive ainsi à avoir dans la fumure d'un hectare, ou 20,000 kilos de fumier, plus de 105 kilos d'acide phosphorique, et autant ou plus de chacun des trois autres ingrédients. Et maintenant, quelle est la formule d'engrais chimiques qui arrive à un pareil résultat? Aucune.

De plus, le fumier de ferme a l'immense avantage d'ameublir les terres, chose que ne lui procurent jamais les engrais chimiques.

Puisqu'il en est ainsi, quel autre engrais peut rivaliser avec son bon marché? Ne négligeons donc pas ce que nous avons sous la main pour aller acheter bien cher, et souvent fort loin, des engrais chimiques. *Epargnons notre argent* en donnant *des soins intelligents à nos fumiers;* tout dépendra de ces soins.

On peut donc conclure : *Pas d'engrais meilleur marché que le fumier de ferme; pas d'engrais plus complet; pas d'engrais qui ameublisse mieux les terres, et enfin, pas d'engrais qui expose moins nos champs à l'épuisement*, surtout dans notre pays, où des cultures différentes succèdent sans cesse à des cultures d'une autre nature.

On pourrait admettre volontiers qu'un propriétaire qui fait d'une culture spéciale une industrie, — pommes de terre, par exemple, — n'eût pas toujours recours au fumier de ferme, et qu'il se servît d'un engrais potassique; mais d'une manière générale, on n'a nul besoin d'avoir recours aux engrais chimiques, et le fumier préparé comme il est dit plus haut doit grandement suffire à tous nos besoins, à part, bien entendu, les *phosphates* et les *superphosphates*. Ce petit travail, sur les engrais de ferme, repose sur nos essais particuliers, sur les analyses les plus récentes faites sur le fumier de ferme, et enfin, sur les études de M. Dehérain concernant la terre pulvérisée, et, à propos de cette dernière, nous serions heureux, si nous pouvions nous dire que nous avons trouvé une application pratique et utile des théories de ce savant agronome.

COMMENT IL FAUT ENTASSER LE FUMIER

On doit mettre le fumier en plusieurs tas, pas trop hauts, indépendants les uns des autres, afin que le fumier le plus vieux ne soit pas enfoui sous le neuf, et puisse être pris le premier. On ne peut guère avoir moins de deux tas, et trois sont préférables. Il va sans dire que chaque tas doit être traité comme il a été déjà dit. Si l'on s'aperçoit, malgré les soins, — ce qui sera très rare, — que le fumier chauffe ou que le blanc s'y met, ou est prêt à s'y mettre, il faut immédiatement l'arroser avec du purin, des urines ou, à leur défaut, avec de l'eau simplement.

EMPLOI DU FUMIER

Il ne s'agit pas d'avoir beaucoup de bon fumier, il faut encore savoir l'employer d'une manière convenable, avec intelligence et réflexion, pour lui faire porter tous ses fruits.

Toute fumure, pour qu'elle produise de bons résultats, doit être faite de façon que le fumier soit aux trois quarts décomposé dans la terre au moment de la semaille ou de la plantation. Quand on porte le fumier au champ, qu'il soit immédiatement enfoui; si l'on dispose de deux paires, que l'une porte le fumier et que l'autre l'enterre; que jamais le soleil ne le trouve éparpillé sur le champ que juste le temps qu'il faut pour le recouvrir. Voilà la bonne méthode, celle de la raison, celle qui ne manquera jamais de produire des résultats heureux.

Ne faites jamais comme certains cultivateurs qui attendent, pour porter le fumier dans leurs terres, qu'il soit entièrement décomposé dans le tas : agir ainsi est une véritable folie, car le fumier perd plus des trois quarts de ses qualités, outre qu'il est très difficile de le répartir également. Cette méthode est détestable, et pourtant, elle se pratique trop souvent : n'en faites jamais usage. Voilà pourquoi il est utile d'avoir plusieurs tas de fumier.

Aux champs, ne laissez jamais le fumier en petits

tas sur les terres; il s'y dessèche, il perd de ses qualités et laisse son empreinte sur les places où il a séjourné ; on s'en aperçoit plus tard par une vigueur de végétation qui annonce ce que le reste du champ a perdu par un épandage retardé.

D'autres laissent encore le fumier éparpillé sur le champ longtemps avant de l'enterrer : cela s'appelle faire manger son bien par le soleil.

Cette coutume fâcheuse a, en effet, le grand tort de laisser s'évaporer les plus précieux des principes fertilisants au grand préjudice de la terre.

Ayez soin aussi d'éviter le plus possible les fumures intempestives, c'est-à-dire, faites au moment de la plantation ou de l'ensemencement; elles présentent souvent de graves inconvénients auxquels on ne porte pas assez d'attention.

Ces fumures sont la cause principale :

1° De la verse des blés; en effet, le fumier étant long à se décomposer, on doit avoir soin de le porter aux champs bien à l'avance : deux ou trois mois avant les semailles, car sans cela, il lui faudra, pour être complètement consommé, jusqu'à la fin d'avril ou le commencement de mai. Or, pendant ce long séjour au champ, il est impropre à nourrir les plantes. Les mille petites bouches des radicelles de la plante sont trop exiguës pour avaler des poignées entières de paille ou de fumier. Pour que cet engrais arrive vite à une décomposition convenable, il lui faut de l'humidité et de la chaleur; l'une et l'autre ne lui viennent qu'au printemps; vers le mois de mai, l'engrais sera totalement consommé. Alors, la plante affamée par un long jeune, trouvant à sa disposition bonne table, absorbera très vite tous les éléments assimilables placés près de ses racines. Elle poussera vigoureusement, émettra quantité de grosses feuilles; mais une pluie, un coup de vent même arrivent-ils, le blé se verse, et l'espérance d'une belle récolte sera perdue, car rarement le blé se relèvera.

Cultivateurs, rappelez-vous que, dans le pays de la Gascogne, on parle des *sept nuits* du mois de mai. Qu'entend-on par là? Que le blé pousse autant en une semaine que pendant les sept mois précédents. Cette poussée provient, pour la plupart du temps, de ce qui vient d'être dit. Attention donc aux fumures intempestives.

2° De plus, ces fumures ont encore le grave inconvénient de tenir la terre trop meuble pendant la saison la plus rigoureuse de l'hiver; aussi quand celui-ci amène de fortes gelées, elles pénètrent facilement jusqu'à la racine du blé qui périt.

3° En outre, par un hiver doux et humide, les petits tas de fumier, mal éparpillé, servent, sous terre, de galeries, aux petites limaces ou loches, pour courir d'un pied de blé à un autre, en dévorer les racines d'abord et les feuilles ensuite.

Nous avons vu tout cela souvent, et pourtant nous ne nous corrigeons pas. Agissons donc mieux à l'avenir : nos plaintes, peut-être alors, ne seront pas si nombreuses, nos intérêts seront sauvegardés, nos peines et nos sueurs récompensées.

Pour arriver à un tel résultat que faut-il? Un peu plus de soins, un peu plus d'attention et de réflexion, mais jamais, mes braves, il ne faudra plus de travail : ce dernier sera toujours le même que l'on fasse mal ou que l'on fasse bien.

TERREAUX OU COMPOSTS

On appelle *terreaux* ou *composts* un mélange de terre et de débris végétaux dans lequel on peut faire entrer tout ce qui se perd sans profit dans les champs d'une ferme ou aux alentours de celle-ci. On ne saurait trop recommander les terreaux parce qu'ils procurent un double avantage :

1° Celui de ne laisser rien perdre de tout ce qui peut être profitable pour bonifier les champs et les prés quand le fumier est insuffisant;

2° Celui d'empêcher ces débris d'engendrer, en se décomposant, surtout pendant les chaleurs de l'été, des miasmes, des odeurs très pernicieuses pour la santé des personnes ou celle des animaux. Soyons donc prudents et soigneux, puisque nos intérêts les plus directs et les plus chers nous y convient.

COMMENT ON FAIT LES TERREAUX OU COMPOSTS

Pour faire un composts, on commence, comme pour le fumier, par le placer sur une plate-forme un peu inclinée; mais si le tas de compost peut se faire dehors, mieux vaudrait toujours qu'il eût un abri. On l'entoure, comme le fumier encore, de trois côtés par une petite rigole, avec fosse au lieu le plus propice pour recevoir le liquide qui pourrait s'en écouler. En commençant ces diverses opérations préparatoires, on doit avoir soin de rejeter la terre provenant de la rigole et de la fosse sur la plate-forme : cette terre servira de première couche; puis sur cette couche, on apporte les mauvaises herbes, les ronces, les broussailles tendres, les feuilles, les déchets de toute nature dont on dispose une première fois; tous ces débris sont étendus, autant que faire se peut, en une couche d'une épaisseur partout égale; on les presse fort et bien en y marchant dessus. Quand cela est terminé, on fait dissoudre de 10 à 12 kilos de sulfate de fer dans suffisante quantité d'eau, de façon, qu'en arrosant le compost avec cette dissolution, elle puisse imbiber toutes les parties du tas; on peut ajouter encore quelques poignées de sulfate de fer après l'arrosage, et même de la chaux, si le compost ne contient que des matières végétales et de la terre : la chaux aidera puissamment à la désagrégation des débris végétaux; elle nuirait, au contraire, à la valeur du compost, si on la mélangeait aux urines, aux matières fécales, aux débris d'animaux, au purin, mais on n'a pas oublié que nous avons donné une autre place à ces dernières matières. Aussitôt après l'épandage de la chaux, si on s'en est servi, ce qui n'est pas indispensable, on recouvre le tout d'une nouvelle couche de terre, en attendant qu'arrivent d'autres mauvaises herbes, balayures, plâtras, débris de toutes sortes, marcs de raisins, pailles abandonnées, balles, fanes, racines, etc., etc., tout, en un mot, doit passer sur le tas de compost, par couches intercallées avec la terre. Ne jamais oublier, à chaque couche, l'arrosage et le saupoudrage au sulfate de fer. Il est même utile d'arroser de temps en temps avec de l'eau.

On peut rendre ces composts excellents en répandant sur chaque couche de débris des phosphates et des superphosphates, et en pratiquant sur la couche de terre qui les recouvre les opérations indiquées à l'article fumier.

Au bout de 4, 5 ou 6 mois, on obtient un gros tas de compost; on devra alors lui faire subir une nouvelle opération : on coupe le tas en commençant par un côté, on mélange bien la terre et les débris, et, si ces derniers n'étaient pas totalement désorganisés et réduits en poudre, il faudrait encore les arroser avec la dissolution mentionnée plus haut, et entasser de nouveau. Peu de jours après, on pourra employer le compost ou terreau.

Comme on le voit, ce n'est pas les engrais qui manquent et des meilleurs, mais c'est nous, qui ne savons que nous plaindre, qui manquons aux engrais, et pourtant l'avenir est là. Il faut tâcher de dépouiller le vieil homme, de faire peau neuve : alors seulement la prospérité et l'abondance reviendront parmi nous. Aide-toi, brave cultivateur, et le ciel, crois le bien, t'aidera à son tour, en te donnant des fenils bien garnis, des greniers pliant sous la réco'te et des caves pleines, dont le précieux liquide, réconfortera ton cœur.

INSUFFISANCE DES FUMIERS DE FERME

Le fumier n'est pas cependant toujours suffisant, parce que l'animal qui le fournit emploie pour son entretien et son accroissement, une partie des éléments des plantes qu'il mange, principalement l'*acide phosphorique* et l'*azote*. D'autre part, les grains et les fruits, parties de la plante contenant le plus d'acide phosphorique, de potasse et d'azote, ne vont que rarement former du fumier.

A moins donc d'avoir de vastes prairies, beaucoup d'animaux et peu de terres labourables, le fumier ne peut seul suffire à rendre à la terre qui a fourni les fourrages et les pailles qui le composent, la somme entière des principes nutritifs puisés dans le sol.

Il est donc facile de comprendre que ce sol ira sans cesse s'appauvrissant, et que, le cultivateur aura, d'année en année, de plus chétives récoltes, s'il n'a *grand souci* de fabriquer du bon fumier, et puis, si ce dernier ne suffit pas pour tous ses champs, et ce sera rare, d'avoir recours à d'autres éléments de fertilisation, aux engrais chimiques.

CHAPITRE IV

LES ENGRAIS CHIMIQUES

On appelle *engrais chimiques,* des engrais qui ont le précieux avantage de fournir aux plantes de toute nature, sous un petit volume, et en proportions considérables, les éléments fertilisants du fumier de ferme.

C'est à l'insuffisance du fumier de ferme que l'on peut attribuer la naissance de cette industrie nouvelle que l'on désigne sous le nom de : FABRIQUES D'ENGRAIS CHIMIQUES.

A la campagne, beaucoup d'agriculteurs se mettent aujourd'hui à employer des engrais chimiques; peu les connaissent et savent les dispenser d'une manière intelligente. Ce n'est pas leur faute; ils opèrent au hasard, n'ayant jamais appris à s'en servir.

Ils achètent un engrais chez le premier marchand venu et vont le répandre sur leur champ, sur leur pré, etc. Ils trouvent que cet engrais a fait merveille. L'année suivante, ils demandent le même engrais : cette fois, l'ingrédient ne produit pas sur le même pré ou sur la même terre, un résultat semblable au premier, car ce résultat est nul ou presque nul. Le bon cultivateur croit alors qu'il a été trompé, et pourtant, il aura été servi exactement comme la première fois. Ce n'est pas toujours le marchand qui trompe, — bien que cela puisse arriver, — mais c'est l'acheteur qui s'est trompé lui-même.

Au lieu de pousser l'agriculteur de la campagne à acheter des engrais, il aurait fallu tout d'abord, dans quelques lignes claires et précises, l'instruire sur leur emploi. On aurait dû défendre, et il devrait encore être défendu, de vendre des engrais chimiques, sans joindre à chaque vente une feuille, une notice, indiquant le dosage, l'emploi, l'époque de l'épandage et la plante pour laquelle il est particulièrement destiné. En un mot, on est parti par où il fallait finir.

Aussi, afin de parer, autant que faire se peut, au défaut de ce premier enseignement, adjurons-nous, nos braves cultivateurs de lire avec le plus grand soin les quelques lignes, les quelques conseils qui vont suivre.

Ces conseils sont tout particulièrement dédiés à eux; qu'ils s'en pénètrent donc, et alors, l'emploi des engrais chimiques, s'ils en ont besoin, au lieu de leur procurer des mécomptes, leur donnera un résultat au-dessus de leurs espérances, payant leurs sacrifices et leurs sueurs.

Si ce petit travail peut arriver à vulgariser l'enseignement de la bonne fabrication du fumier et de l'emploi des engrais chimiques, les auteurs seront heureux, car ils pourront se dire qu'ils ont passé en faisant quelque bien, et leur véritable satisfaction se trouvera dans la satisfaction de leurs semblables.

SULFATE DE FER ET SULFATE DE CUIVRE

Avant d'entrer dans les détails sur l'emploi direct des engrais chimiques, — alors qu'il y a insuffisance de fumier, — il nous a paru utile, à propos des maladies actuelles du blé sur pied, de revenir un peu sur le sulfate de fer, et de vous dire aussi quelques mots, du *sulfate de cuivre* ou *vitriol bleu*.

D'après ce qui a été déjà vu dans le chapitre précédent, vous avez dû vous convaincre, cher lecteur, qu'avec les fumiers soignés et complétés comme il a été dit, on peut, le plus souvent, se passer de répandre sur les champs des engrais chimiques seuls.

Nous pouvons même ajouter qu'il vaut toujours mieux associer les phosphates et les superphosphates au fumier que de les employer à part et directement sur les champs; d'ailleurs aucun tort n'est porté à ces deux ingrédients ni par la pluie, ni par le soleil : ils reviendront, sans que la moindre particule se perde, dans votre grange et votre grenier, sous forme de grain, de paille ou de foin. Sans exagérer pourtant, car votre bourse en souffrirait, ne craignez jamais de donner trop de phosphates ou de superphosphates à vos fumiers : les plantes ne prendront que ce qu'il leur faut, et laisseront le surplus, en dépôt sur vos terres, pour une récolte future.

N'oubliez pas le *sulfate de fer* dans la fabrication de vos fumiers; sous peu, peut-être, vous serez enchanté de l'avoir employé : outre que cet agent a, comme nous l'avons vu, le précieux avantage de conserver au fumier son azote, et d'en rendre plus vite assimilables toutes les autres matières qu'il renferme, il a aussi celui d'empêcher la reproduction des cryptogames ou champignons, tels que la rouille, le piétin, etc., et même de certains insectes.

Nous poursuivons actuellement des expériences en vue de savoir s'il n'y aurait pas lieu d'ajouter aussi au fumier, au moyen d'arrosages, du sulfate de cuivre ou vitriol bleu, dans le but de prévenir la plupart des maladies des plantes cultivées.

Partant de cette donnée que, déjà le sulfate de cuivre détruit toutes les maladies cryptogamiques de la vigne, et puis, dans le blé, celle désignée sous le nom de *carie* ou *charbon*, qui n'est autre qu'un champignon, pourquoi le *sulfate de cuivre*, qui fait disparaître cette maladie en haut, dans l'épi, ne pourrait-il pas, je vous prie, la faire disparaître aussi en bas, dans les racines, et nous délivrer à tout jamais du *piétin* qui a causé, en 1894, d'incalculables préjudices? Cultivateurs, mes amis, faites-y attention! Essayez.

La prochaine édition de ce petit ouvrage que vous nous avez si souvent demandé dans toutes nos conférences, vous fera connaître les résultats des expériences dont il est question plus haut.

Passons à l'emploi direct des engrais chimiques.

Toutes les plantes, pour arriver à leur complet développement, ont besoin de 14 éléments : 10 de ceux-ci sont fournis, — on l'a déjà vu, — en abondance par la terre et par l'air. Le cultivateur ne doit se préoccuper que de restituer à la terre les quatre substances que les végétaux enlèvent à chaque récolte : s'il agit ainsi, il fera de la bonne culture, de la culture rémunératrice

Ces quatre éléments, qu'il ne faut jamais perdre de vue, et qui forment ce qu'on est convenu d'appeler l'*engrais complet*, sont : L'AZOTE. — L'ACIDE PHOSPHORIQUE. — LA POTASSE. — LA CHAUX.

Ces quatre substances sont absolument les mêmes

que celles contenues dans notre fumier fabriqué : elles nourrissent la plante pour laquelle la terre n'est plus qu'un support et un garde-manger.

Le rôle des engrais chimiques consiste à savoir associer convenablement ces substances, de façon à fournir aux plantes une alimentation suffisante, afin d'arriver à obtenir le plus grand rendement possible de récolte.

Ainsi, si l'on apporte dans un champ de blé deux engrais : *azote* et *acide phosphorique*, par exemple, en proportions convenables, bien sûr, on obtiendra un résultat excellent, une abondante récolte. Mais cette récolte aura enlevé à ce champ, à ce pré, etc., toute la potasse, toute la chaux qu'ils renfermaient, une première fois, en quantité suffisante encore, pour produire le résultat dont on a été si satisfait.

Donc la potasse et la chaux ayant été absorbées par la récolte en question, il faudra restituer à ce champ, à ce pré, cette potasse et cette chaux, sous peine de n'avoir la prochaine fois, qu'une mauvaise ou une médiocre récolte. Comment s'y prendre alors ?

Le voici :

On devra porter tout simplement dans ce champ, deux engrais contenant potasse et chaux : *nitrate de potasse* et *scories de déphosphoration*, par exemple. De cette manière, la terre sera continuellement fertile, et le brave et courageux cultivateur sera heureux en voyant ses sacrifices recevoir une juste rémunération. *Pénétrez-vous bien de ces quelques lignes : toute la théorie des engrais chimiques est là.*

PROVENANCE DES ENGRAIS CHIMIQUES

Comme il pourrait être intéressant pour le lecteur de connaître la provenance des engrais chimiques, nous allons en dire quelques mots avant d'entrer dans des détails à leur sujet : on verra qu'on peut trouver, ailleurs que dans le fumier, les substances fertilisantes dont nous avons besoin pour nos champs.

D'une manière générale, un engrais chimique ne peut contenir à la fois les quatre éléments de fertilisation dont nous avons parlé plus haut, savoir : *azote, acide phosphorique, potasse* et *chaux*. Un mélange ne peut pas non plus se faire avec ces quatre éléments, car la présence de la chaux détruirait complètement l'azote, principal élément de fertilisation.

SOURCES DE L'AZOTE OU SA PROVENANCE

1° L'azote provient du nitrate de soude qui contient :

Azote..................	15 à 16
Oxygène................	47 à 50
Soude..................	36 à 37

Le tout pour 100 kilos.

Les guanos du Pérou, du Chili, des îles Chincha et certaines îles de l'Afrique contiennent aussi beaucoup d'azote. Le guano est une sorte de colombine produite par des oiseaux de mer.

2° Du sulfate d'ammoniaque qui contient :

Azote..................	21 à 22
Acide sulfurique........	60 à 61
Hydrogène.............	4 à 5
Eau....................	13 à 14

Le tout pour 100 kilos.

Le sulfate d'ammoniaque est obtenu en saturant

l'acide sulfurique par les vapeurs ammoniacales des vidanges, des usines à gaz, des eaux des vannes, etc.

3° Du nitrate de potasse qui contient :

Azote..................	12 à 14
Oxygène...............	39 à 40
Potasse................	46 à 47

Le tout pour 100 kilos.

Le nitrate de potasse s'obtient au moyen du salpêtre et du nitrate de soude.

L'industrie fournit encore une foule de matières qui contiennent beaucoup d'azote, ainsi :

La laine renferme : suint, 33 pour 100 de potasse; laine, 17 pour 100 d'azote.

Le sang desséché, 8 à 12 d'azote.

Les crins et poils, de 7 à 8,50 d'azote.

Les plumes, de 5 à 12 d'azote.

Les tourteaux en général contiennent de 4 à 8 d'azote, et celui d'arachide, de 7 à 8.

Le guano du Pérou, dont nous avons parlé tout à l'heure, renferme : 23 pour 100 d'acide phosphorique et 12 à 13 d'azote.

Voilà les sources principales de l'azote, n'oublions jamais les matières que nous avons sous la main et qui le contiennent.

SOURCES DE L'ACIDE PHOSPHORIQUE

Les phosphates minéraux, accumulés dans certaines régions forment des masses énormes : ce sont des os provenant d'une quantité innombrable d'animaux détruits par quelque cataclysme.

Ces ossements, mélangés à des débris de toutes

sortes, sont la source principale de l'acide phosphorique. Les principaux gisements de France sont : ceux de la Meuse, de la Somme, du Lot, de l'Oise, du Cher et de l'Auxois, près de Semur. Tous ces gisements sont fort importants et le cultivateur n'a pas à craindre que de longtemps, il manque d'acide phosphorique pour ses champs.

Outre cette source, la principale, l'industrie transforme encore les os provenant des abattoirs, des animaux morts, etc. : on les appelle os verts; les poudres noires délaissées par les raffineries de sucre, les scories de déphosphoration qu'on trouve dans les usines métallurgiques fournissent encore de l'acide phosphorique.

Les phosphates minéraux peuvent contenir de 6 à 20 d'acide phosphorique;

Les os verts renferment à la fois la matière organique azotée et la matière minérale phosphatée :

Os verts.	Azote	3 à 5 p. 0/0
	Acide phosphorique	20 à 26 p. 0/0
	Chaux	30 à 32 p. 0/0

Farine d'os.	Azote	4 à 6 p. 0/0
	Acide phosphorique	20 à 30 p. 0/0
	Chaux	30 à 32 p. 0/0

Les poudres noires des sucreries dosent de 20 à 30 d'acide phosphorique;

Les scories de déphosphoration dosent de 10 à 20 d'acide phosphorique, et 40 à 45 de chaux;

Le plus riche des engrais phosphatés est le phosphate précipité d'os : il contient de 25 à 38 pour 100 d'acide phosphorique;

Enfin, la poudre des Indes, peu connue, renferme :

Acide phosphorique.....	24 à 25
Matière organique......	27 à 28
Chaux.................	33 à 34

SOURCES DE LA POTASSE

La potasse est fournie par le nitrate de potasse, le chlorure de potassium, le sulfate de potasse, le carbonate de potasse, le kaïnit, etc.

Le nitrate de potasse contient de 42 à 45 de potasse et 12 à 13 d'azote;

Le sulfate de potasse contient 85 à 90 pour 100 de potasse;

Le chlorure de potassium, 52 à 53 pour 100 de potasse;

Le carbonate de potasse, 90 à 92 pour 100 de potasse très assimilable;

Le kaïnit, sel des mines impur, 23 à 25 pour 100 de potasse, etc., etc.

Les excréments humains et l'urine peuvent rivaliser avec les guanos : ils contiennent les quatre éléments fertilisants des plantes, savoir : azote, 16; acide phosphorique, 12,60; potasse, 4 à 5; chaux, 6,40.

Enfin, le fumier de ferme demi-consommé et bien conservé contient, d'après une autre analyse, et sans addition d'ingrédients quelconques, par 100 kilos :

Azote..................	580	grammes.
Acide phosphorique.....	350	—
Potasse................	500	—
Chaux..................	980	—

Ce fumier, répandu sur un champ à raison de 20,000 kilos à l'hectare, donnerait : 116 kilos d'azote, 70 d'acide phosphorique, 100 de potasse, 196 de chaux.

Comme on pourra le remarquer par les chiffres ci-dessus, c'est toujours l'acide phosphorique qui faiblit le plus dans le fumier de ferme.

SOURCES DE LA CHAUX

Tout le monde connaît la chaux : elle provient de la cuisson du carbonate de chaux ou pierre à bâtir; c'est tout simplement la matière qui sert à faire le mortier. La cuisson a pour effet d'enlever à la pierre l'acide carbonique et son eau de composition. La chaux vive reprend avec avidité les éléments que la cuisson lui a fait perdre.

OBSERVATION IMPORTANTE

Maintenant que l'on connaît les sources, les provenances des quatre éléments fertilisants des plantes, le cultivateur intéressé à avoir de belles récoltes, soucieux de son bien être voudra bien ne laisser rien perdre; il ramassera tout ce qui, autour de lui, peut contenir un des quatre éléments : en agissant, comme on le lui conseille, c'est de l'argent qu'il mettra dans sa poche, c'est la santé souvent qu'il recueillera pour lui, sa famille et ses animaux domestiques.

PROPRIÉTÉS ET EMPLOI DE CHACUN DES ENGRAIS CHIMIQUES

Azote. — Voici le plus cher des engrais chimiques : il est essentiel de bien se pénétrer de ses propriétés, afin de s'en passer dans les cultures qui n'en exigent pas, *telles que celles des légumineuses,* et de se le procurer à aussi bas prix que possible, par les moyens indiqués ci après.

PROPRIÉTÉS. — Les propriétés de l'azote consistent à développer les parties vertes, le feuillage des plantes et à les faire *taller*.

EMPLOI. — Il faut bien se garder d'employer *seuls* les sels azotés ; ils donneraient peu ou pas de résultats : il est *indispensable de leur adjoindre les superphosphates* dont l'acide phosphorique en *assure* les bons effets. Dans ce cas, le phosphore joue un double rôle : il agit directement sur les tissus de la plante qu'il affermit, qu'il rend rigide et, par ce moyen, cet ingrédient empêche la verse.

D'autre part, l'acide phosphorique *détermine et active l'action bienfaisante des matières azotées.*

EPANDAGE. — Les deux principaux engrais qui fournissent l'azote, sont : le *nitrate de soude* et le *sulfate d'ammoniaque.*

1° Le nitrate de soude, dosant 15 à 16 d'azote, livre promptement à la plante cette substance, mais il a un défaut, celui de se laisser trop facilement entraîner par les eaux; aussi descend-il souvent, à la suite de pluies abondantes, hors de la portée des racines des plantes; c'est pour cette raison qu'on ne doit le répandre *qu'en couverture, au printemps,* au moment du roulage du blé, alors que les racines de ce dernier ont déjà acquis assez de puissance pour en pomper promptement toute la partie utile, l'*azote.*

L'épandage doit être fait en deux fois, et à un mois d'intervalle environ. Avant cette opération, il convient de broyer, avec une pelle, les petites mottes qui peuvent s'être formées dans les sacs, et ensuite, afin qu'il puisse être semé bien uniformément, il faut le mélanger, avec un soin minutieux à de la terre, du sable, des cendres ou du plâtre.

Avec une balle de nitrate de soude de 100 kilos, il faut arriver à obtenir quatre balles de mélange de 100 kilos chacune.

Rappelez-vous toujours que le mélange ci-dessus ne doit être effectué qu'au moment où l'on va s'en servir, et que *jamais la chaux ne doit en faire partie.*

On répand par hectare 100, 150 ou 200 kilos de nitrate de soude, selon que la terre est bonne, moyenne ou pauvre.

La valeur du nitrate de soude est comprise entre 25 et 27 francs, la balle de 100 kilos. Le cours peut varier.

2° Le sulfate d'ammoniaque, dosant 21 à 22 d'azote, livre tout aussi promptement, que le précédent engrais, ses parties utiles à la plante, mais tout au contraire du nitrate, son azote tend à remonter au lieu d'être entraîné dans la profondeur de la terre, ou emporté par les eaux pluviales.

Cet engrais étant plus riche, en azote, que le nitrate de soude, on comprendra facilement qu'on peut faire un mélange de cinq balles au lieu de quatre, à l'épandage.

Ici encore, il faut avoir la précaution d'émotter avant de mélanger, et de ne faire cette dernière opération qu'au fur et à mesure des besoins.

L'épandage de cet engrais peut être fait moitié au moment des semailles et moitié, au printemps, en couverture, au moment du roulage.

La quantité à répandre par hectare ne dépasse

guère 90, 110 ou 140 kilos; ces proportions conduisent d'ailleurs, à peu de chose prés, aux mêmes résultats, quant à l'azote, que les quantités de nitrate de soude que nous avons données plus haut.

Le prix de la balle de 100 kilos de sulfate d'ammoniaque varie entre 32 et 34 francs. Les cours peuvent varier.

REMARQUE. — Il paraît avantageux de donner aux plantes à racines courtes du sulfate d'ammoniaque, et du nitrate de soude aux plantes à racines longues, bien que souvent, on les emploie indifférement.

ACIDE PHOSPHORIQUE. — Connaissez-vous l'acide phosphorique? C'est tout simplement cette fumée blanche provenant de l'allumette que vous venez d'enflammer après un frottement.

PROPRIÉTÉS. — Son rôle est d'autant plus important en agriculture, que *toutes les plantes, sans exception*, en font une ample consommation. Sans l'acide phosphorique, pas de bonne fructification, pas de force dans la paille, pas de grains gros et bien nourris, pas surtout de maturité précoce.

Souvenez-vous toujours, agriculteurs nos amis, que plus vous mettrez des phosphates ou des superphosphates dans vos terres pour avoir de l'acide phosphorique, plus aussi vos fumiers contiendront de parties fertilisantes de cet agent : on vous a déjà dit que rien ne se perd de ce dernier, aussi, le jour où vos champs en seraient saturés, vous n'auriez plus à leur restituer que la partie, que la vente de vos grains et de vos animaux, a emportée au marché voisin.

Il y a des fermes, où l'on fait usage des engrais phosphatés depuis longue date, qui donnent jusqu'à 450 grammes d'acide phosphorique, par 100 kilos de fumier ; d'autres qui n'en donnent que 130 grammes : les premières, sont les fermes à rendements magnifiques, les secondes, les fermes de la misère.

Si maintenant vous calculez avec les nombres ci-dessus, à raison d'une fumure de 20,000 kilos à l'hectare, — la nôtre, — vous trouverez 90 kilos d'acide phosphorique dans les fumiers de la première, et, 26 kilos seulement, dans ceux de la seconde. Et pourtant, il n'entrera là que les pailles et les fourrages de vos champs ; mais le foin de nos prairies naturelles, les compterez-vous pour rien dans la bonne confection de vos fumiers?

D'un autre côté, tous les produits du sol, d'où qu'ils viennent, acquièrent, par l'apport de l'acide phosphorique, une saveur remarquable dont tous les animaux, sans exception, profiteront amplement.

Ces quelques mots suffiront, croyons-nous, pour faire apprécier à tous l'importance capitale de la substance dont nous venons de parler.

Emploi. — On emploie les phosphates ou les superphosphates sur les champs et sur les prés. Dans les prés, il faut nécessairement les employer en couverture ; dans les champs, ils sont enfouis, avant les semailles, par un léger labour.

Il convient de remarquer que l'acide phosphorique des phosphates n'est pas aussi vite assimilable par les plantes que celui provenant des superphosphates; aussi, les effets lents du premier peuvent laisser souffrir la plante ; le second produit, au contraire, les siens presque immédiatement. D'un autre côté, le superphosphate peut devenir assimilable plus vite s'il est soluble dans l'eau, moins vite, s'il est soluble dans le citrate d'ammoniaque : selon les effets à obtenir, c'est au cultivateur à faire son choix.

Dans les terres *acides*, dans les terres *tourbeuses* et les *fumiers*, employez les phosphates, partout ailleurs les superphosphates.

On ne peut guère, pour cet engrais, fixer la quantité à employer par hectare, car, comme nous l'avons dit précédemment, on peut ici forcer la dose à volonté : cependant dans notre région, l'emploi en reste compris entre 350 à 400 kilos par hectare, pour être complété au printemps par un engrais azoté.

Epandage. — Sur les prairies, l'épandage doit être fait en janvier ou février par un temps sec, c'est à dire, sans rosée sur l'herbe : l'engrais doit aller à la racine et non rester sur la feuille de la plante. Un coup de herse serait bon.

Sur les champs, l'épandage peut se faire quand on veut, en ayant soin de mélanger le superphosphate à la terre par un labour ou un coup de herse : ce travail doit précéder les semailles.

Pour les plantes en lignes, on sème l'engrais dans les rangs, et l'on recouvre en même temps que la graine. Valeur : phosphates, 2 fr. 50 à 4 fr. 50; superphosphates, 6 fr. à 10 fr. les 100 kilos.

Potasse. — De même que l'acide phosphorique et l'azote, la potasse occupe une large place dans la composition des végétaux; tous en demandent et certains en font une grande consommation, par exemple, la luzerne, le sainfoin, le trèfle, et surtout les arbres fruitiers, la vigne et la pomme de terre.

Propriétés. — Sa propriété principale consiste à former le fruit ou la graine qu'elle multiplie et fait grossir. Certains sols sont riches en potasse et il serait inutile de leur en fournir. La présence de la potasse est révélée dans un champ à la belle venue des légumineuses et de la pomme de terre : si vous avez de belles fèves, de grosses et abondantes pommes de terre, n'ajoutez pas de sels potassiques à vos autres engrais.

Emploi. — On mélange la potasse à la terre par le labour qui précède la semaille; pour les plantes en lignes, on peut répandre ce sel dans le sillon, et recouvrir en même temps que la semence. Sur les prairies, tant naturelles qu'artificielles, son emploi demande un temps sans rosée, sans humidité dans l'herbe : si le sel potassique restait sur la plante, celle-ci pourrait être brûlée. Ici encore la herse doit agir.

Epandage. — On répand par hectare, et comme il a été dit plus haut, environ 50 à 60 kilos de chlorure de potassium ou de sulfate de potasse.

Il est préférable de donner du sulfate de potasse aux betteraves et aux pommes de terre, le soufre leur étant favorable, tandis que le chlore peut leur être nuisible. Valeur 20 à 23 francs.

Remarque. — Les terres étant, en général, pourvues d'une quantité plus ou moins importante de potasse, il suffira souvent, sinon toujours, au cultivateur, pour restituer au sol, les sels potassiques qui lui sont indispensables, d'apporter à ce sol, une petite quantité de notre fumier, soit un quart de celui que nous recommandons par hectare, ou 5,000 kilos. Comme on va le voir plus bas, cette quantité de fumier sera encore suffisante pour fournir au sol, plus peut-être, que la totalité de la chaux, qu'une récolte lui aurait enlevée.

LA CHAUX

Voici le quatrième ingrédient des engrais chimiques. — Le sol doit en être pourvu, et une terre, qui n'en contiendrait pas, donnerait des rendements à peu près nuls : la restitution de la chaux à un sol s'impose donc, tout comme l'azote, l'acide phosphorique et la potasse.

Nous avons déjà dit quelques mots de la chaux, et il est inutile de nous étendre ici sur une matière que tout le monde connaît.

Propriétés. — La chaux ameublit le sol, fournit le calcaire aux terres qui en manquent et produit les meilleurs effets sur les terres argileuses et siliceuses. En outre, sa présence détermine des réactions qui rendent les silicates assimilables par les plantes, et elle aide ainsi à l'alimentation des végétaux. Enfin, la chaux pousse à la décomposition des matières végétales et animales, à celle du fumier en terreau, détruit l'acidité des terres tourbeuses ou nouvellement défrichées, est indispensable aux légumineuses : trèfles, luzernes, sainfoins; rend le grain de blé plus beau, la farine plus blanche et la paille plus nutritive et plus goûtée des animaux.

Emploi. — On doit employer la chaux *grasse* de préférence à la chaux *maigre* : la première a des effets plus durables.

On les distingue l'une de l'autre en faisant fuser, avec de l'eau, un morceau de chacune : la chaux grasse donne beaucoup de chaleur, fusée, elle est sans dépôt terreux; l'autre laissera des traces jaunâtres d'argile. On emploie environ trois à quatre hectolitres de chaux à l'hectare; mais comme aujourd'hui on fait entrer le plâtre et les scories de déphosphoration dans presque toutes les formules d'engrais chimiques, et que ces deux agents contiennent de la chaux, il est plus avantageux de la restituer à la terre au moyen de ces deux derniers produits.

Epandage. — Le procédé le plus commode pour l'épandage de la chaux consiste à la déposer en petits tas dans le champ; on la recouvre de terre et on la laisse fuser; après quelques jours, elle est réduite en poussière; alors on la répand à la pelle le plus uniformément possible; plusieurs labours et de bons hersages sont nécessaires pour bien l'incorporer, la mélanger à la terre : c'est au début d'un premier labour qu'il faut épandre la chaux.

Tout le monde connaît aussi le plâtre, mais tout le monde ne sait peut-être pas que c'est une combinaison de chaux et d'acide sulfurique : voilà pourquoi il peut, avec avantage, remplacer la chaux, d'autant mieux que tous les cultivateurs savent l'employer. On désigne souvent le plâtre sous le nom de *sulfate de chaux*. 500 à 600 kilos sont suffisants par hectare.

Quant aux scories, on doit les répandre absolument de la même façon que les superphosphates, mais à raison de 5 à 600 kilos à l'hectare : elles contiennent 12 à 20 d'acide phosphorique et 40 à 45 de chaux. Un gant doit envelopper la main du semeur.

Ces engrais valent en moyenne : la chaux, 2 fr. à 2 fr. 50 l'hectolitre; le plâtre, 1 fr. 50 à 2 fr. les 100 kilos, et enfin, les scories vendues (finement moulues), 6 fr. les 100 kilos.

Si vous avez suivi avec attention les détails que nous avons donnés sur les engrais chimiques, vous aurez compris, nous l'espérons du moins, que les quatre substances : azote, acide phosphorique, potasse et chaux que nous avons si souvent nommées, ne peuvent, prises isolément, rien produire du tout : ce n'est qu'à l'état d'association que ces quatre éléments forment le véritable *sel de la terre*, le *ferment*, le *levain* de toute bonne végétation! Rappelez-vous donc sans cesse, ami lecteur, que cette association nous met, cependant en main, un instrument merveilleux avec lequel nous pouvons, à volonté, fabriquer des plantes.

N'allez pas croire que ces plantes vont vous coûter très cher, non, et vous allez vous en rendre compte facilement dans les quelques lignes qui vont suivre.

Ainsi, d'après une étude toute récente, 1,000 kilos de blé contiennent ou demandent, savoir :

1° 20 kilos d'azote;
2° 8 kilos d'acide phosphorique;
3° 5 kilos de potasse;
4° 0,600 grammes de chaux.

Or, 1,000 kilos de blé font 12 hect. 1/2; ces 12 hectolitres 1/2 demandent 4,000 kilos de fumier; mais si les 4,000 kilos de fumier sont capables de produire un tel rendement, les 20,000 kilos de notre fumier que nous employons par hectare, devraient alors nous donner 62 hectol. 50.

Nous nous contenterions d'un peu moins, n'est-ce pas?

Notre fumier fabriqué contient abondamment les ingrédients ci-dessus, puisque ce fabuleux rendement de 62 hect. 1/2 ne demande que :

100 kilos d'azote;
40 kilos d'acide phosphorique;
25 kilos de potasse;
3 kilos de chaux.

On nous dit encore que le fumier est cher; mais celui que nous fabriquons, — et c'est de celui-là qu'il s'agit, — n'est pas si cher que ça! Examinons ce qu'il nous revient :

Une vache laitière, du poids de 400 kilos, donne par an..................	11.000	kil. de fumier;
Un bœuf à l'engrais, du poids de 500 kil., donne jusqu'à.	25.000	—
Un bœuf de travail de 600 kil., donne par an............	11.000	—
Un cheval de travail, de 600 kilos, fournit........	9.000	—

Prenons deux vaches donnant seulement chacune 10,000 kilos de fumier par an :

Nous aurons sur la litière : 730 kilos de phosphates à 4 francs les 100 kilos, ci...........	29 fr. 20
Sulfate de fer en poudre : 200 kilos, à 7 francs les 100 kilos, ci.............	14 »»
Superphosphate dosant 14 à 16 : 100 kilos à 9 francs, ci........................	9 »»
TOTAL....................	52 fr. 20

Voyons actuellement le revient de la fumure d'un hectare avec des engrais chimiques :

Nitrate de soude : 200 kilos à 27 francs les 100 kilos, ci	54 fr.	»»
Scories de déphosphoration : 500 kilos à 6 francs les 100 kilos, ci	30	»»
Sulfate de potasse : 80 kilos à 23 fr., ci	18	40
TOTAL	102 fr.	40
Valeur de la fumure d'un hectare au fumier de ferme	52 fr.	20
Différence en faveur du fumier de ferme	50 fr.	20

Comme on vient de le voir, l'*engrais de ferme coûte moitié moins cher que les engrais chimiques;* mais ce ne serait encore que moitié mal, si l'on n'était trop souvent trompé dans les achats de ces derniers.

Nos fumiers bien préparés nous fournissent donc, trois éléments : azote, potasse et chaux en suffisante quantité pour pouvoir nous dispenser d'acheter ces trois substances; il n'y aurait qu'un cas où il faudrait y recourir : c'est celui dans lequel le fumier serait insuffisant.

Examinons, si même dans ce cas, nous ne pourrions pas encore nous passer du plus cher des engrais chimiques, l'azote.

LA SIDÉRATION OU MOYEN D'AVOIR DE L'AZOTE EN ABONDANCE

En parlant des fumiers et des terreaux, on a déjà vu la manière de nitrifier la terre, c'est-à-dire, d'accumuler l'azote de l'air dans une terre pulvérisée.

Il est un autre procédé pour donner à un champ

l'azote en abondance, c'est d'enfouir dans ce champ une plante légumineuse au moment où elle atteint la fleuraison : trèfle, sainfoin, fèves, lupuline, vesce, colza, navette, spergule, lupin blanc, moutardes blanche et noire, féveroles, sarrasin, etc., peuvent servir à cet objet.

La plante à enfouir doit présenter le triple avantage :

1° De ne pas épuiser la terre, de prendre, par conséquent, l'azote de l'air et de l'accumuler dans toutes ses nodosités, tant aériennes que souterraines ;

2° De pousser très vite pour ne pas occuper le sol longtemps ;

3° De ne pas coûter cher de semence.

Avant d'enfouir, on passe un rouleau sur la plante; on jette sur la plante couchée environ trois à quatre cents kilos de plâtre cuit. Après ces deux opérations préliminaires, on procède à un labour profond en suivant exactement le chemin du rouleau, afin de ne pas voir sa charrue embarrassée par la plante à enfouir.

La chaux contenue dans le plâtre, aidant à la décomposition de la plante, celle-ci sera bientôt décomposée, et la couche de terre empêchera toute déperdition d'azote.

Mais comme la grande quantité d'azote, accumulée par la plante que vous avez mise sous terre, pourrait donner une vigueur exceptionnelle à la céréale semée sur un pareil champ, et produire la verse, il est ici, de toute nécessité, de répandre une bonne quantité de superphosphate avant les semailles, soit 400 kilos au moins par hectare. — Donc la sidération procurant abondamment l'azote au cultivateur, celui-ci n'aura plus à songer qu'à se munir d'acide phosphorique.

DE LA SUCCESSION DES PLANTES SUR UN MÊME CHAMP

La terre ne demande pas à se reposer; elle veut toujours marcher, mais toujours changer : « Jamais deux grains de la même espèce de suite, dit Bujault, ça l'écrase. Il y a un grand nombre de sucs dans la terre : tel pour une plante, tel pour une autre. Quand l'un est épuisé, il faut lui donner le temps de se refaire. Quand on a trait la vache, on attend le lait à revenir. »

Partant de ces principes, il faudra : à une plante pivotante faire succéder une plante à racines superficielles; à une plante exigeant de l'azote, doit succéder une plante légumineuse qui prend l'azote de l'air; à une plante exigeant de l'acide phosphorique, une plante demandant de la potasse, etc.

On doit donner autant de potasse, d'acide phosphorique et de chaux que les plantes peuvent en absorber. En azote, il suffira de donner la moitié de ce qu'elles enlèvent, l'air atmosphérique fournissant l'autre moitié.

EXAMEN DES PLANTES D'UN TERRAIN

Par l'examen des plantes qui poussent spontanément sur un terrain, on peut souvent découvrir l'exigence de ce terrain, c'est-à-dire savoir l'engrais qu'il lui faut. Ainsi, sur un terrain où poussent les légumineuses, il est presque sûr que la potasse ne fait pas défaut; si, au contraire, les graminées sont en majeure partie, c'est l'azote qui domine; enfin, si légumineuses et graminées poussent également bien, les deux éléments ci-dessus se trouveront sur cette terre à peu près dans les mêmes proportions.

Le résultat de cet examen doit, dans la suite, servir de guide pour la quantité d'engrais à répandre dans les champs : cette quantité pourra alors être diminuée d'un quart, d'un tiers, selon la vigueur des plantes examinées. Il va de soi qu'une terre bonne ne doit pas recevoir une aussi grande quantité d'engrais qu'une mauvaise : celle-ci doit recevoir les plus fortes doses, celle-là, les doses les plus faibles.

Agir ainsi, c'est vouloir économiser son argent : on doit le faire toutes les fois qu'on le peut, et non, le gaspiller, le semer, sans espoir d'un profit. Le profit, voilà ce qu'il ne faut pas perdre de vue, pas plus en agriculture, qu'ailleurs.

Bien peser les conseils contenus dans les quelques pages qui précèdent, les mettre ensuite en pratique, c'est être assuré de trouver la récompense au bout.

DOMINANTE DE CHAQUE PLANTE

Si vous aviez devant vous, ami lecteur, quatre plats chargés de mets, et qu'il ne fallût toucher qu'à l'un d'eux, quel est celui que vous choisiriez ?

Evidemment, vous prendriez celui vers lequel votre goût, votre prédilection vous entraîne avec plus de force et d'amour; eh bien, il en est de même de la plante, et souvent de tout une famille de plantes :

elles ont un faible pour un des quatre éléments, azote, acide phosphorique, potasse ou chaux, elles touchent fort peu à trois des éléments, pour, ensuite, se régaler de celui qui leur convient, qui leur va le mieux. Ce plat de leur choix, ou plutôt cet engrais qui est à la parfaite convenance de la plante et dont elle va se rassasier, est ce qu'on appelle sa*d ominante*.

Nous allons, dans les tableaux suivants, vous donner la dominante de la plupart des plantes que vous cultivez.

TABLEAUX DES DOMINANTES

PREMIER GROUPE

PLANTES	DOMINANTE	SOURCES	
Blé........		Nitrate de soude......	Engrais verts : Légumineuses enfouies à la floraison.
Avoine....		Sulfate d'ammoniaque.	
Épautre...		Nitrate de potasse.....	
Seigle.....	**AZOTE.**	Vidanges, fumiers, composts.	
Colza......		Chiffons de laine, tourteaux.	
Prairies naturelles		Sang desséché.	
Betteraves.		Rognures de cuir et de corne.	
Chanvre...		Vieille plume, déchets d'animaux.	

Les plantes de ce premier groupe demandent, en général, par hectare, 350 kilos de superphosphate avec 150 kilos de nitrate de soude ou 100 kilos de sulfate d'ammoniaque. Aux plantes à racines courtes, donner de préférence le sulfate d'ammoniaque; aux plantes à racines longues, donner au contraire du nitrate de soude.

DEUXIÈME GROUPE

PLANTES	DOMINANTE	SOURCES
Maïs........ Sarrazin.... Navets...... Carottes..... Topinambours.. Sorgho......	**ACIDE PHOSPHORIQUE**	Phosphates. Superphosphates. Scories de déphosphoration.

Les plantes de ce groupe demandent par hectare 300 à 400 kilos de superphosphates ou 400 à 600 kil. de scories de déphosphoration; un peu de fumier ou de nitrate de potasse leur fait le plus grand bien.

TROISIÈME GROUPE

PLANTES	DOMINANTE	SOURCES
Haricots.. Fèves.... Pois...... Trèfle.... Sainfoin.. Luzerne.. Vesce.... Pommes de terre Vigne.... Arbres fruitiers. Lin...... Fenugrec.	**POTASSE.** **POTASSE.**	Cendres. (Voir provenance des engrais.) Nitrate de potasse. Carbonate de potasse, cher, mais très assimilable. Silicate de potasse. Sulfate de potasse. Chlorure de potassium. Kaïnite.

Les plantes de ce groupe demandent par hectare 150 à 200 kilos de nitrate de potasse; 100 à 150 de chlorure de potassium : 50 kilos de carbonate de potasse peuvent remplacer le chlorure de potassium.

Remarque. — Le mot *dominante,* au point de vue de la fertilisation du sol, ne doit pas induire en erreur. L'interprétation qu'il en faut faire donne quelques bonnes indications, mais on ne doit pas oublier que *tous* les principes fertilisants doivent se trouver dans le sol en suffisante quantité.

Il peut être parfois avantageux de forcer la dose de la substance préférée par la plante en tenant compte :

1° *De l'épuisement de la terre par la récolte précédente;*

2° *Des besoins de la récolte qui suit.*

Exemple. — Si vous voulez semer de l'*avoine* ou des *betteraves* après un blé, il sera nécessaire de compléter la formule d'engrais par de l'*azote,* vu que le blé a dû prendre une bonne partie de cet élément, sa *dominante,* comme celle de la plante qui lui succède.

Autre remarque a propos des céréales. — Les céréales produisent le pain, base de l'alimentation de l'homme civilisé. Leur culture occupe, en France, *cinq millions d'hectares,* et, malgré cette étendue cultivée, nous achetons encore du blé, chaque année, à l'Amérique, à l'Inde, à la Russie.

Tous les agronomes qui ont étudié cette grave question de la production du blé, affirment que la France produira assez de blé pour ses habitants le jour où tous les cultivateurs français *sauront cultiver.*

D'après nos expériences, nous affirmons aussi que notre pays vendrait bientôt du blé, au lieu d'en acheter, *si tous les cultivateurs soignaient, complétaient et employaient mieux les fumiers!*

Voici maintenant les formules moyennes, le plus généralement appliquées à la culture du blé, de l'avoine, de l'orge, du seigle, etc. : nous en donnons trois. Elles seront suivies de quelques autres formules se rapportant à peu près à toutes les cultures, ainsi qu'aux prairies tant naturelles qu'artificielles. Dans ces formules, les quantités d'engrais sont pour un hectare.

PREMIÈRE FORMULE

1° Superphosphate dosant 14 à 16 p. 100 d'acide phosphorique.................. 150 kilos.
2° Plâtre........................ 500 —
3° Nitrate de soude............. 100 à 150 —

Répandre les deux premiers ingrédients quelques jours avant les semailles, les enfouir par un labour ou un hersage énergique; l'autre doit être répandu, en mars en couverture, avant le roulage, et par un temps sec. On recommande l'épandage du nitrate en deux fois, par moitié, à un mois d'intervalle environ.

DEUXIÈME FORMULE

1° Scories de déphosphoration... 800 kilos.
2° Plâtre........................ 400 —
3° Nitrate de soude............. 100 à 150 —

A employer comme ci-dessus.

TROISIÈME FORMULE

Fumier. — Ayant reçu phosphates, superphosphates et sulfate de fer................. 20,000 kilos.

A répandre et à enfouir au deuxième ou troisième labour avant les semailles, sans autre engrais que 3 à 400 kilos de plâtre.

Avec ces trois formules, alternativement employées, la culture des céréales, augmentant d'un bon tiers, et souvent de moitié, deviendra rémunératrice.

AUTRES FORMULES

Pour maïs :

Nitrate de soude, dosant 15 p. 100.....	150 kilos.
Superphosphate, dosant 15 à 16 p. 100.	300 —
Plâtre..............................	300 —

Pour prairies naturelles saines :

1° Nitrate de soude, dosant 15 p. 100 d'azote..........................	150 kilos.
2° Superphosphate de chaux, dosant 14 à 16 p. 100........................	400 —
3° Plâtre............................	500 —

Pour prairies humides : destruction des joncs, carex, renoncules :

1° Phosphates du Lot, dosant 15 à 20 p. 100 d'acide phosphorique....	500 kilos.
2° Cendres vives dosant 10 p. 100 de potasse..........................	500 —
3° Chaux...........................	500 —

Terreaux et fumiers à volonté. Assainir par des fossés, et employer les engrais l'hiver.

Pour prairies artificielles à base de trèfle, luzerne, sainfoin, etc. :

1° Superphosphate de chaux dosant 14 à 16 p. 100 d'acide phosphorique....	400 kilos.
2° Plâtre cru.........................	500 —

Mêler et répandre en février. Les haricots, les vesces, les gesces, les lentilles, les fèves, les pois, etc se développent vigoureusement sous l'action de cet engrais.

Pour pommes de terre, betteraves, raves, navets, etc., etc.

1° Nitrate de soude, dosant 15 p. 100 d'azote..........................	150 kilos.
2° Superphosphate de chaux, dosant 14 à 16 p. 100......................	400 —
3° Plâtre..............................	500 —

Pour les cultures en lignes, répandre l'engrais dans les sillons.

Comme on vient de le voir dans les formules qui précèdent, les produits à mélanger sont peu nombreux, mais les formules peuvent varier à l'infini, selon les besoins des cultures et la richesse du sol en matières fertilisantes.

Pour faire de la bonne culture, il n'y a qu'à savoir utiliser ces matières tantôt seules, tantôt avec le fumier.

Laissant à ce dernier le principal rôle, nous n'avons fait que peu de place à l'*azote organique*, dont le prix est toujours très élevé : le fumier de ferme, *bien soigné*, et les *engrais verts* sont les deux sources les plus économiques d'azote organique. Leur double emploi maintient dans le sol, comme nous l'avons déjà dit, une provision *d'humus* et un *ameublissement* que les engrais chimiques seuls ne peuvent lui procurer.

ACQUISITION DES ENGRAIS CHIMIQUES

Tout cultivateur qui achète des engrais, ne doit jamais, *sous aucun prétexte*, accepter un sac d'engrais pour un prix quelconque sans se faire garantir un *minimum* d'acide phosphorique, d'azote ou de potasse, selon ce qu'il demande.

Chacune de ces substances n'a pas la même valeur dans tous les produits qui la contiennent : cette valeur augmente d'habitude avec le degré d'assimilabilité.

Il importe donc de bien préciser la forme sous laquelle doit être livré l'élément qu'on désire se procurer.

Par exemple, on sait que le superphosphate contient de l'acide phosphorique sous trois formes, suivant que le phosphate a été plus ou moins attaqué :

1° *L'acide phosphorique soluble dans l'eau;*

2° *L'acide phosphorique soluble dans le citrate d'ammoniaque;*

3° *L'acide phosphorique insoluble.*

Celui qui est insoluble n'a pas de valeur; le soluble à l'eau coûte ordinairement cinq centimes de plus, par unité de degré, que le second. Vous ne devez donc pas acheter simplement un superphosphate minéral qui contient 16 à 18 p. 100 d'acide phosphorique; vous devez ajouter : *soluble dans l'eau* ou *soluble dans le citrate d'ammoniaque.*

Comme l'analyse seule peut faire connaître la richesse d'un engrais, la contenance du degré demandé, nous engageons vivement les cultivateurs à faire analyser tous les produits qu'ils acquerront.

Dans ce but, et afin d'économiser, nous les exhortons encore à se syndiquer, ou tout au moins, à grouper les commandes à chaque saison.

Les analyses d'engrais sont faites par les chimistes des stations agronomiques, moyennant 3 francs par élément à rechercher.

QUAND FAUT-IL ACHETER? — En principe, on ne doit jamais acheter à l'avance des engrais dont on n'a pas l'emploi presque immédiat. Le parti le plus sage est d'acheter *à livrer*, afin de ne pas s'exposer à des retards préjudiciables et à subir des cours parfois beaucoup plus élevés qu'au début de la saison.

C'est en mai et en juin que doivent se faire les achats en grand pour l'automne; en novembre et en décembre, les achats pour le printemps.

Le petit cultivateur, qui ne peut facilement se syndiquer en vue d'importants achats, peut s'adresser à un entrepositaire ou marchand d'engrais de sa contrée, en exigeant toujours les mêmes garanties. Il est toujours prudent d'obtenir du marchand ou du fabricant une lettre confirmant les conventions faites, afin que l'acheteur se trouve armé, au besoin, pour les faire exécuter.

En prenant livraison des engrais, il faut prélever des échantillons de chaque produit en vue de l'analyse, et convenir, avec l'expéditeur, du chimiste qui devra faire la contre analyse, au cas où le résultat donné par le premier ne conviendrait pas à l'une des parties.

L'article 7 de la loi concernant la répression des fraudes dans le commerce des engrais, dit : « Des échantillons sont toujours pris en *trois exemplaires*. Chacun d'eux est enfermé dans un vase en verre, immédiatement bouché d'un bouchon en liège et cacheté.

» Une étiquette engagée dans le cachet porte le nom de l'engrais, la date de la prise d'échantillon et le nom de la personne qui requiert l'analyse.

» Art. 8. — Chaque prise d'échantillon est constatée par un procès-verbal qui relate toutes les indications jugées utiles pour établir l'authenticité des échantillons prélevés et l'identité industrielle de la marchandise.

» La prise d'échantillons doit se faire en présence de témoins. L'un des trois flacons cachetés est remis au chimiste chargé de l'analyse, un deuxième est envoyé au vendeur et l'acheteur prend le troisième.

» Toutes ces indications sont de rigueur pour l'acheteur, s'il veut conserver tous ses droits de poursuite. »

LA VIGNE

SA RECONSTITUTION. — Depuis que le phylloxéra est venu visiter la France, nous nous ressentons tous de ses désastreux effets. Le vieux vignoble a presque totalement disparu, et avec lui, s'en est allée peut-être, un peu de notre gaieté, et surtout, le meilleur de nos revenus. Hâtons-nous donc de replanter; il y aura, très certainement pour nous, un double profit : le premier, sera d'accroître nos revenus; le second, de relever le prix de la propriété. Dans les pays grands producteurs de vin, où le vignoble est reconstitué depuis quelque temps, l'hectare de terre vaut jusqu'à 8,000 à 10,000.

Mais comme nul remède pratique pour combattre le phylloxéra n'a encore été découvert, le seul moyen de rétablir nos vignes est d'avoir recours aux plants américains.

COMMENT ARRIVER VITE A AVOIR DU VIN? — Le moyen le plus prompt d'arriver à avoir du vin, au moins pour soi, c'est de planter peu d'abord et en bonne terre. Quand on aura réussi, cette petite plantation d'un millier de pieds, par exemple, on sera encouragé par le résultat, et l'on n'hésitera plus à planter ailleurs.

Tout cultivateur a un coin de bon terrain : il doit le défoncer, au moins à 40 centimètres, et au-dessus de ce chiffre tant qu'il voudra; plus le défoncement sera profond et mieux ça ira. C'est la première opération à effectuer.

Planter ensuite à la saison des racinés convenant à ce terrain, à 0^{m}25 de profondeur, et à une distance en ligne de 1^{m}60 à 1^{m}80; on laisse entre les lignes ou rangs, 1^{m}80, rarement 2 mètres.

Pendant l'année qui suivra la plantation, on doit procéder au greffage. L'époque la plus favorable pour cette opération est le mois de mai, et le commencement de juin, pour certaines espèces d'américains.

La greffe faite, il faut la butter, c'est-à-dire ramasser autour d'elle la terre la plus fine de façon à la recouvrir de quatre à cinq centimètres par dessus. On doit procéder au buttage avec les plus grandes précautions, afin de ne pas ébranler la greffe qui pourrait manquer si le greffon venait à être déplacé. La greffe sur place doit être exécutée à 2 ou 3 centimètres au-dessus du niveau du sol.

Pour n'avoir pas à redouter un pareil accident, il est des propriétaires qui, avant le buttage, enveloppent la greffe au moyen d'un tuyau de 10 centimètres de diamètre environ : le buttage fait, on enlève doucement le tuyau pour s'en servir à la greffe suivante. Ne redoutez jamais un buttage trop fort.

Certains greffeurs ont aussi l'excellente habitude de couper le greffon au milieu d'un œil, en laissant seulement un autre œil au-dessous de cette coupure. En procédant de la sorte, il reste tout un mérithale au-dessus de l'œil de la greffe, et en buttant, on recouvre la greffe de terre, en laissant paraître l'extrémité supérieure de ce mérithale. Cette partie de mérithale, dépasssant la butte, servira de guide pour les travaux d'entretien à venir.

Aussitôt que les greffes poussent et sont sorties de dessous terre, il faut les tenir bien propres; pas une herbe ne doit pousser dans la plantation. Surveillez donc votre jeune vigne : de cette surveillance et de sa propreté dépendra la vigueur.

Comme dans un greffage, si habile greffeur que l'on soit, il manque toujours quelques greffes, il faut avoir soin de conserver quelques racinés que l'on fait greffer aussi, et que l'on plante en pépinière dans un coin du jardin. Ces greffes demandent les mêmes soins que celles de la vigne; elles servîront l'année après leur greffage, les meilleures, à remplacer les greffes qui n'auraient pas réussi dans votre champ. De cette façon, et dès la première année, on obtient une vigne sans manquants. — Voilà le procédé le plus expéditif pour arriver vite et bien.

Affranchissement. — Il est encore une opération essentielle à laquelle on doit procéder le printemps après le greffage, et mieux plus tôt, s'il se peut. Cette opération minuticuse consiste à débutter la greffe avec un soin infini, — c'est ici que le mérithale-guide vous servira surtout, — afin de ne pas toucher aux greffons : si ceux-ci venaient à être ébranlés, la greffe pourrait périr : avis donc.

Le débuttage fait, et à mesure, on coupe toutes les racines qui auraient pu pousser sur le greffon; on fait subir la même opération aux rejets ou pousses du porte-greffe; après cela, on butte de nouveau immédiatement pour mettre la greffe à l'abri du froid, comme aussi, à l'abri des ardeurs trop fortes du soleil. Cette opération délicate s'appelle *affranchir* les greffons.

On taille tard, selon le temps et selon la position de la vigne : on ne laisse qu'un seul courson et un œil.

Voilà les diverses opérations que demande la plantation d'une vigne, la première année après son greffage.

Rappelez-vous toujours qu'une vigne est comme une demoiselle : l'une et l'autre, pour attirer les regards, demandent, non seulement de la vigueur, de la beauté, mais encore et surtout de la propreté, de la netteté, des soins délicats.

Quand on débute dans une plantation, il faut avoir la précaution, afin d'éviter des achats, et économiser son argent, de faire aussi une plantation de 20 à 30 pieds d'américains de chaque espèce pour avoir du bois, et du bois qui s'adapte à votre terrain.

Que faut-il planter ? Que faut-il greffer ? — La réponse à ces deux questions ne sera pas longue, et pourtant combien d'échecs ne sont-ils pas arrivés jusqu'à ce jour ? Le cultivateur qui n'a pas encore planté des vignes va se trouver heureux, car il ne doit plus y avoir, aujourd'hui pour lui, ni crainte, ni hésitation : les leçons de l'expérience des autres vont lui servir.

Selon le terrain, il faut planter *riparias* ou *rupestris*, et puis, un petit nombre d'*hybrides de ceux-ci*.

Ne sortez pas de là, ou vous vous exposerez à faire fausse route.

Adaptation. — Dans les *boulbènes*, — terrains silico argileux ou sableux, — bonnes, profondes, saines, mettez *riparias purs*, tels que : riparia gloire de Montpellier ou Portalis, riparia glabre; puis si le terrain est un peu humide, le riparia tomenteux. Le solonis se convient très bien aussi dans ce dernier terrain, à côté du riparia tomenteux.

Dans les terrains calcaires, pierreux, sains et profonds plantez Rupestris purs, tels que : Rupestris phénomène du Lot, Rupestris St-George, Rupestris Monticola. On dit que ces trois porte-greffes ne sont qu'un seul et même plant, portant des noms différents selon les localités. Pour notre compte, et quoiqu'il en soit, nous donnons la préférence à celui désigné sous le nom de Monticola : il se distingue d'ailleurs des autres par ses feuilles, et cette année (1894), nous avons pu remarquer dans nos plantations que, tout ce qui n'est pas Monticola érigé, a les feuilles ponctuées de petites taches noires, tandis que celles de notre plant préféré restent vertes, luisantes, immaculées.

Dans les terrains ou le calcaire ne dépasse pas 30 à 35 pour 100, on peut planter sans crainte les hybrides rupestris, tels que : Aramon-Rupestris Ganzin n° 1, puis les Couderc n°s 601 et 603.

Le Gamay-Couderc n° 1,202 est très résistant au froid.

Il y a encore le Riparia-Rupestris n° 101, de M. Millardet, et enfin, l'Alicante-Rupestris de M. Terras, producteur direct des plus méritants ; il porte le n° 20; sa cherté seule en empêche la propagation : il vaut encore 5 francs la bouture ou le raciné, au choix.

On voit par ce qui précède que la liste des bons plants n'est pas longue : mettez-vous la bien dans la tête, et jusqu'à nouvel ordre choisissez là-dedans. Que l'on ne songe donc pas à vouloir, ici, économiser quelques sous, alors qu'on veut tenter une plantation ; plantez peu d'abord, et soignez très bien : le résultat ne se fera pas attendre ; il sera propre à vous encourager, à vous faire plaisir et honneur.

Observation importante. — Les hybrides s'accomodent mieux de tous les terrains, la greffe y reprend facilement ; mais sur le Monticola-Rupestris, il faut avoir soin de greffer avant le départ de la sève, ou attendre très tard que la sève ait pris toute son évolution, — *fin mai ou commencement juin.* — Si l'on avait le soin d'étêter le sujet, huit ou dix jours avant de pratiquer la greffe, on pourrait, croyons-nous, exécuter celle-ci, sur le rupestris ou ses hybrides, à une époque quelconque de la saison printanière. Est-il besoin d'ajouter qu'il faut avoir soin, quand on a étêté, de rafraîchir la plaie avant de pratiquer la greffe ?

En outre, le greffeur, ou plutôt son aide doit déchausser assez profondément, pour enlever avec soin sur les rupestris ou leurs hybrides, tous les bourgeons souterrains ; sans cette précaution, les rejets produits par ces plants pourraient faire avorter la greffe.

Il va sans dire encore que, là où les riparias se conviennent, tous les autres plants désignés plus haut se comporteront fort bien aussi.

Que faut-il greffer ? — Il faut greffer les bons plants du pays, si vous êtes content du vin qu'ils vous donnent. Cependant entre ces derniers, il y a un choix à faire pour vos greffes, prenez les sarments bien aoûtés sur les ceps qui portent beaucoup de raisins, et jamais sur ceux qui donnent peu ou pas de fruits, parce que cette stérilité se reproduirait sur la greffe de votre nouvelle vigne. On devrait donc, quand on vendange, avoir soin de marquer les souches qui donnent beaucoup de fruits; en agissant ainsi, on sélectionne sa vigne et le rendement s'en accroît.

CONSEILS PRATIQUES SUR LA RECONSTITUTION DES VIGNES

Les Greffes. — Nos conseils sur la reconstitution des vignes seraient incomplets, si nous n'ajoutions ici quelques détails ; ces détails se rapporteront :

1° *Au pralinage ;*
2° *A la plantation des boutures américaines ;*
3° *A la plantation de la greffe-bouture;*
4° *A la plantation de la greffe-racinée;*
5° *A la récolte des greffons et de leur conservation;*
6° *A l'époque du greffage;*
7° *A quelques greffes ;*

1° *Pralinage.* — On entend ici par praliner, l'action de mettre à tremper, dans un mélange composé de bouse de vache, de sable fin et d'eau, la partie de la plante destinée à être enfouie sous terre.

On pratique le pralinage au moment de la plantation pour la greffe-bouture, la greffe-racinée et pour tous autres plants quelconques.

2° *Plantation de boutures américaines.* — Pour réussir une plantation de boutures, il faut avant tout décortiquer, c'est-à-dire enlever près des deux premiers nœuds, une partie de l'écorce, dans la portion de la bouture qui doit être mise en terre. A mesure qu'on pratique le décorticage, on met chaque bouture à praliner. On les dispose ensuite dans des sillons de 25 à 30 centimètres de profondeur, et à une distance de 5 à 7 centimètres au plus; on jette de la poussière sur la partie pralinée où elle se colle, et puis un peu de terre. On serre fortement avec les pieds, cette terre et cette poussière contre la bouture. On achève de combler le sillon avec la terre qui provient du sillon suivant. Il est inutile de donner à chaque sillon une grande largeur : 12 à 15 centimètres suffisent; mais la distance, entre les rangs des boutures, doit être de 40 à 50 centimètres. Quelques arrosages, de temps en temps, en cas de sécheresse, feraient le plus grand bien. Ce qui précède s'entend pour les pépinières.

3° *Plantation de la greffe-bouture en pépinière.* — Dans un terrain bien meuble préparé à l'avance, on fait des fossés aussi profond que le sujet et la greffe réunis et larges de 12 à 15 centimètres. On place les greffes-boutures, après les avoir retirées de la matière à praliner, dans des sillons ou petits fossés, à une distance de 10 à 12 centimètres l'une de l'autre. On jette de suite de la poussière à la partie inférieure pralinée : du sable de rivière remplacerait très avantageusement la poussière ci-dessus. Cela fait, on remplit le petit fossé avec la terre provenant de celui qu'on doit pratiquer ensuite.

Une semblable plantation doit être faite au cordeau, et tous les greffons, bien en ligne, doivent arriver à fleur de terre. On termine l'opération, en recouvrant tous les greffons de 5 à 6 centimètres de sable de mine ou de rivière, de façon que ce sable forme une petite butte d'un bout à l'autre du rang.

On doit arroser de temps en temps la pépinière, en faisant en sorte que l'eau filtre vers la partie du sujet qui doit émettre des racines, et non, venir mouiller la soudure de la greffe. Les rangs des greffes-boutures doivent être espacés de 50 centimètres. C'est en mai principalement que se fait cette plantation.

4° *Plantation des greffes racinées.* — Après avoir passé en pépinière jusqu'au mois de novembre, les greffes-boutures peuvent être arrachées pour être plantées au champ qui deviendra une vigne. Pour l'exécution de ce travail, la meilleure époque serait celle qui suit les semailles; après cette époque, aussitôt que l'on peut : il ne faudrait pourtant pas choisir un temps de neige ou de grands froids.

Sur un terrain défoncé, à la distance choisie, on pratique en ligne des trous de trente centimètres en tout sens. On plante un piquet à chaque trou et on aligne bien. Cela fait, on forme avec de la poussière, une petite butte au milieu du trou, sur cette butte, on place les racines du plant, qui auront, au préalable, été retaillées et pralinées; on étend les racines dans tous les sens, de manière qu'elles soient descendantes plutôt qu'horizontales; on jette quelques pelletées de poussière sur les racines et on achève de combler. A ce moment, il faut que la soudure de la greffe soit

3 à 4 centimètres au-dessus du sol. Ce n'est pas tout : on doit encore butter 12 à 15 centimètres au-dessus de la greffe de façon à recouvrir une bonne partie des petits sarments qu'elle porte.

Inutile de dire que l'on doit avoir soin d'enlever, avant la plantation, toutes les racines qui auraient pu pousser sur le greffon; mais il ne faut pas toucher aux sarments de ce dernier : ce n'est pas le moment.

Il va de soi, qu'il faut toujours choisir, pour planter à la vigne, les greffes qui ne laissent rien à désirer, ni arracher des greffes à la pépinière au-delà des besoins de la journée. Pour cette plantation, il faut s'aider d'une chaîne ou d'un fil de fer portant des marques indiquant la distance à laquelle doit être placé chaque trou et, surtout chaque piquet qui y sera planté et auquel doit coller la greffe.

Un cordeau ne vaudrait rien pour un pareil travail, vu qu'il s'allonge ou se raccourcit, selon la température.

5° *La récolte des greffons; leur conservation.* — On a déjà dit qu'il fallait choisir des sarments bien aoûtés, c'est-à-dire, bien mûrs, sur des ceps très fructifères marqués à l'avance; parmi les sarments de ces ceps, choisissez tout particulièrement, ceux qui ont porté des fruits. Cette cueillette aura lieu avant tout mouvement de la sève, par conséquent en février ou avant.

Ayant donc fait sa provision de sarments pour greffes, il ne s'agit plus que de les conserver jusqu'à l'époque du greffage. A cet effet, on les met à l'abri sous une grange ou dans une cave : on pratique une fosse plus ou moins longue, plus ou moins large, selon la quantité de sarments à conserver; on les dispose, au fond de la tranchée, par petits paquets de vingt à vingt-cinq au plus; on les maintient séparés en jetant du sable *presque sec* entre les paquets; cela fait, on recouvre la première couche de sarments de 7 à 8 centimètres de sable presque sec encore.

Sur cette première couche, on en établit une seconde, en procédant de même; à la dernière couche, on peut, par dessus le sable, remettre la terre retirée de la fosse, de façon qu'ils soient recouverts de 30 centimètres.

Comme il pourrait arriver que quelques sarments se seraient imparfaitement conservés, il est essentiel, avant de s'en servir, de s'assurer de leur bonne conservation, à cet effet, le moyen suivant nous a toujours bien réussi : coupéz avec un greffoir bien tranchant, un peu au-dessus ou au-dessous d'un œil, selon que vous pratiquerez cette coupe en bas ou en haut du sarment; serrez ensuite près de cette coupe, l'écorce du sarment; si vous voyez la sève perler sur la coupe, votre sarment sera propre à vous donner de bons greffons; dans le cas contraire, il faut le rejeter.

6° *Epoque du greffage*. — On pratique deux greffages : le greffage sur table et le greffage sur place.

Le premier commence dès le mois de février pour se terminer vers le mois d'avril, époque où commence le second. La greffe sur table s'effectue sur des boutures ou des racinés; ces greffes aussitôt faites doivent être mises en couches, par paquets de dix à quinze au plus et arrangées absolument comme les sarments pour greffer; seulement, le sable, qui les séparera et les recouvrira, doit être à moitié humide et non presque sec. On comprend qu'on doit, ici, procéder avec la plus grande attention à la mise en jauge pour ne pas déranger les greffons. Il serait bon que, sur chaque couche, on mit une petite baguette servant à séparer les couches entre elles : on trouverait, peut-être, cela commode, au moment où il faudra venir prendre les paquets des greffes pour la plantation en pépinière. On doit aussi lever les paquets avec une extrême précaution, car déjà, après trois semaines ou un mois, toutes les greffes en seront arrivées à un commencement de soudure, et beaucoup de greffons auront leurs bourgeons débourrés et partant très fragiles : déplacer un greffon en ce moment, c'est perdre une greffe. Est-il besoin d'ajouter que la fosse, pour la conservation des greffes sur table, doit être établie dans une cave ou sous une grange? Ces greffes doivent être hors des atteintes des gelées et des changements brusques de température : si on redoutait de pareils accidents, il serait bon de recouvrir la fosse avec de la paille.

On procède à la greffe sur place depuis la deuxième quinzaine d'avril jusqu'à la fin mai, et même, les premiers jours de juin. Un temps doux, calme, sans vents forts d'aucune sorte, un ciel couvert, mais non à la pluie, plutôt qu'un soleil trop ardent, sont très propices à cette opération. La pluie survenant après un greffage est très préjudiciable à la réussite ; évitez ce moment s'il est possible, et, si vous le craignez doublez les buttes. Ne pratiquez jamais non plus ce travail par un temps trop humide. Que le greffeur évite avec soin de mettre ses doigts sur les coupes du greffon et du sujet : en effet, pendant le greffage, les doigts du greffeur suent et se salissent de terre ou de poussière; or, ces matières ferment, sur les coupes, les pores du sujet et du greffon et forment un obstacle à la communication rapide de la sève entre les deux parties qu'on a en vue de souder.

La greffe faite, liée et entourée d'un mastic mou, mais épais, fait de bouse de vache et d'argile, est aussitôt buttée de façon que la terre dépasse, d'au moins cinq centimètres, la partie supérieure du greffon.

7° LA GREFFE [1]

Sans nous attarder à décrire dans tous leurs détails, les différentes greffes connues ou préconisées, que presque tout le monde connaît aujourd'hui, par suite des nombreuses écoles de greffage qui ont fonctionné dans notre département, comme partout ailleurs du reste, nous nous bornerons à indiquer les cinq greffes que nous avons pratiquées chez nous, et que nous avons ensuite enseignées dans tous nos cours de greffage.

Ces greffes sont :

1° *La greffe en fente simple ordinaire;*
2° *La greffe en fente pleine;*
3° *La greffe anglaise;*
4° *La greffe par côté avec épaulement;*
5° *La greffe en fente pleine avec épaulement.*

A propos de cette dernière seulement, nous entrerons dans quelques détails.

1° *Greffe en fente simple ordinaire.* — Cette greffe s'effectue d'ordinaire sur des sujets d'un diamètre assez gros pour recevoir plusieurs greffons. On étête à la scie, 3 à 4 centimètres au-dessus du sol, on rafraîchit la plaie au greffoir, à la place où doivent être posés les greffons. On fend par le milieu, verticalement, avec un ciseau; on tient la fente ouverte avec un coin et l'on prépare les greffons. Ceux-ci sont taillés en forme de lame de couteau dans la partie qui

(1) Voir la planche des différentes greffes à la fin du volume.

doit être implantée au sujet; les coupes doivent être faites près d'un œil, et cet œil doit rester entre les deux coupes, et paraître *extérieurement*, un centimètre environ au-desssus du point d'insertion. Insérez avec précaution pour ne pas enlever l'écorce du greffon; enlevez doucement le coin qui tenait la fente ouverte, mastiquez et puis ligaturez si vous le croyez utile. Il serait bon de toujours couvrir le sujet, pendant que l'on prépare les greffons. Pour cette greffe, voyez la figure 1.

2° *Greffe en fente pleine.* — On exécute cette greffe sur des boutures ou des racinés de 5 à 10 millimètres au plus de diamètre. Sur place, on étête le sujet 3 à 4 centimètres au-dessus du sol; la coupe sur le sujet peut se faire à plat, mais elle ne doit jamais rester ainsi; on ligature avant de fendre 2 à 3 centimètres au-dessous de la coupe; on fend alors au milieu; on couvre le sujet, s'il fait vent ou soleil, pendant la préparation du greffon. Celui-ci est taillé en coin allongé, les deux coupes laissant un œil entre elles, un peu au-dessus du point où elles commencent; on insère le greffon, et l'on coupe un peu en biais et en remontant les deux côtés du sujet, afin qu'ils ne restent pas à plat, comme le montrent les points placés au-dessus des lettres A et B, figure 2. On ligature, on mastique et l'on butte quand la greffe est faite en place.

Remarque importante. — Pour cette greffe, comme pour celles qui vont suivre, la greffe anglaise exceptée, on doit choisir des greffons sensiblement plus gros que le sujet, si l'on veut obtenir une coïncidence parfaite entre les écorces et dans toutes les parties de la longueur des coupes. C'est le seul moyen d'avoir des soudures sans reproches et très solides.

Greffe anglaise. — La greffe anglaise est exécutée en place ou sur table, sur des sujets pareils à ceux de la précédente; seulement ici, il est nécessaire que le sujet et le greffon soient d'un diamètre parfaitement égal. En place, on procède, pour la coupe du sujet, comme il a été dit plus haut; puis on taille en bizeau allongé, de deux centimètres au plus; on fend, non au milieu, mais un peu au-dessus; la fente n'est point tout-à-fait verticale, mais s'écarte une idée de cette direction et coupe les fibres ligneuses du bois; cette fente doit avoir à peu près un centimètre, mais ne jamais le dépasser. On prépare absolument le greffon de la même manière que le sujet. Ajustez, ligaturez et couvrez de mastic. (Voir fig. 3.)

Greffe par côté avec épaulement. — Cette greffe permet de conserver le sujet tout en le greffant. Elle se fait sur place seulement, et à la même distance du sol que les précédentes. Pour l'exécuter, on pratique une entaille longitudinale descendante, comme pour l'anglaise. (Voir point i F. 1). Cette coupe ne doit dépasser que la moitié à peine du diamètre du sujet. On abat, en biseau la partie A (F. 2). La première coupe sur le greffon est en tout pareille à celle de la greffe anglaise. On pratique une languette un peu plus longue et plus forte que pour cette dernière. On rabat, à l'opposé de cette languette, au moyen d'une coupe en biseau, venant aboutir juste vis-à-vis le point où se termine la languette, tout le bois restant, figure 3. Insérez de façon que l'épaulement B,

F. 3 du greffon, vienne recouvrir exactement le biseau du sujet A, F 2. Ligaturez en montant; arrivé au point d'insertion, faites deux 8 avec le lien, en prenant tour à tour le greffon et le sujet; passez ensuite ce lien à la fois sur le sujet et la greffe et attachez; enfin, mastiquez et buttez. On doit, pour cette greffe, choisir un greffon un peu plus gros que le sujet.

Greffe en fente avec épaulement. — Nous voici arrivés à une greffe, peu connue encore, mais destinée, dans un avenir prochain, à remplacer toutes celles que l'on pratique actuellement. Cette greffe a été enseignée dans tous nos cours de greffage. Après un peu d'exercice, elle s'exécute, d'une manière parfaite, en cinq coups de couteau : 2 coups pour étêter et fendre le sujet, 3 pour préparer le greffon.

Et, avantage immense, on n'a jamais besoin de faire des retouches à une coupe. L'ajustage est parfait et les réussites au delà de toute espérance. Sur 11,000 greffes-boutures faites cette année (1894), il y a actuellement plus de 10,000 reprises; et sur 2,300 greffes faites l'année dernière (1893) sur place, 4 seulement ont avorté..... et encore, n'y a-t-il pas eu accident?

Cette greffe, enseignée depuis très peu de temps, à la Ferme-École de la Hourre, près Auch, a été trouvée par M. Louis Gaspard, jardinier de cet établissement, et désignée sous le nom de :

Greffe en fente avec épaulement. — Passons à sa description :

Préparation du sujet. — Deux coups de greffoir.

— On fait cette greffe sur table et sur place. Sur place, coupez le sujet un peu en biseau, 3 à 4 centimètres au-dessus du sol; ligaturez par un nœud de fouet, à 2 ou 3 centimètres au-dessous de cette première coupe, afin que, lors de l'insertion du greffon, la fente n'aille pas plus loin qu'il n'est utile; fendez vers le milieu. (Fig. 1 et 2.)

Voilà pour le porte-greffe; couvrez ce dernier pendant la préparation du greffon qui, lui, se prépare absolument comme celui de la greffe précédente. Nous allons cependant, répéter ici, cette description.

Préparation du greffon. — Trois coups de greffoir. — Prenez un greffon sensiblement plus gros que le porte-greffe; faites une coupe bien plane, tout comme pour la greffe anglaise et d'un seul coup de greffoir (fig. 3); cela fait, retournez sens devant derrière le greffon que vous tenez à la main, et pratiquez une fente, un peu au-dessus du milieu de la coupe; ne suivez pas, pour produire cette fente, tout-à-fait les fibres droites et ligneuses du bois du greffon (fig. 4); agissez de manière à obtenir une languette un peu plus longue et forte que dans la greffe anglaise; puis, sans déranger votre greffon, reculez l'index qui, tout à l'heure, en exécutant la fente, appuyait votre greffon; passez votre couteau sous le greffon, de façon qu'il donne, avec ce dernier, une croix, pas tout à fait à angles droits; faites alors une taille en biseau de telle façon qu'elle fasse tomber tout le bois d'en-dessous jusqu'à la fente (fig. 5). Cette dernière coupe doit venir aboutir, juste au point où la première a commencé. Vous obtenez alors le greffon avec épaulement, figure 5. Il ne reste qu'à ajuster, figure 6, et à enlever la partie I, figure 6, du porte-greffe. On termine enfin, comme pour toutes les autres greffes, par la ligature, l'engluage et le buttage.

Ajouterons-nous que, pour le greffage sur place, il est utile, avant l'exécution de la greffe, de toujours déchausser le sujet? Cette opération préalable permet ensuite de faire le travail avec beaucoup plus de facilité, d'aisance.

PRODUCTEURS A GRANDS RENDEMENTS

Les propriétaires qui ont leurs vignes détruites par le phylloxéra, et qui veulent replanter, feront bien, selon le résultat qu'ils voudront obtenir, quantité ou qualité, de ne s'écarter que fort peu, pour le choix de leurs greffes, des indications ci-après, dans le cas où ils désireraient introduire, dans leur plantation, des cépages étrangers à leur région.

POUR CEUX QUI AIMENT LA QUANTITÉ

Gros noir de la Calmette, Alicante-Bouchet, Henri-Bouchet, Aramon-Bouchet, Bouchet à très gros grains, Terret-Bouchet, Alicante Henri-Bouchet, Carignane, Mauzac blanc et rose, Jurançon blanc, Mourastel, Blanquette-d'Armagnac, etc., etc.

POUR CEUX QUI DEMANDENT LA QUALITÉ

Cabernet-Sauvignon, Castet, petit Gamay, Grenache, Sémillon blanc, Muscatelle, Côt rouge à queue verte, Tannat, petite Syrrha, Mondeuse de Savoie, Durif de l'Isère, le Meslier jaune; la Mérille, le Herran et le Prunella peuvent, par petite quantité, se mêler aux précédents ; la Mortcrille, le Mellet, et en général, la plupart des chasselas sont de bons raisins de table.

Voici encore quelques producteurs français pour greffes résistant plus particulièrement à la gelée et aux maladies cryptogamiques et donnant bon vin :

Portugais bleu, Limberger, Castet de la Gironde, Rivet, Saint-Macaire, Cabernet-Sauvignon, Cabernet, Durif de l'Isère, Gamay à jus rouge, Gamay à jus blanc, Tannat; le Chasselas, le Pineau, le Malbec, le Malvoisie ou Valtelinier, le cot rouge à queue verte, le petit Gamay du Beaujolais, le Jurançon noir, le gros noir de la Calmette, etc.

OBSERVATION. — Le grand noir de la Calmette, le Castet, le Carignan-Bouchet, le Trousseau ne craignent pas le mildiou; quelques-uns même de ces derniers résistent à l'anthracnose.

AUTRE OBSERVATION. — PLANTATION EN GREFFÉS SOUDÉS. — La méthode de plantation qui consisterait à ne planter que de bonnes greffes bien soudées, greffes que l'on aurait faites, ou fait faire chez soi, — en fournissant le sujet et le greffon, — donnerait, cela va sans dire, des résultats tout aussi satisfaisants que ceux de la méthode indiquée tout d'abord : d'ailleurs, c'est ainsi qu'on pratique la plantation des arbres fruitiers quand on veut établir un verger.

MALADIES DE LA VIGNE

La vigne est aujourd'hui atteinte par une foule de maladies que l'on peut classer en deux catégories bien distinctes savoir :

1° Les maladies dues à des cryptogames ou champignons microscopiques;

2° Les maladies dues à des insectes qui, selon l'espèce, sont visibles ou non à l'œil nu.

1° MALADIES CRYPTOGAMIQUES

OIDIUM. — C'est un champignon faisant une espèce de dépôt grisâtre, fort apparent, sur les grains de la grappe principalement, bien que toutes les parties vertes du cep soient atteintes. Cette maladie, connue dans notre région sous le nom de maladie *cendreuse*, arrête la croissance du grain; celui-ci se fend souvent jusqu'au milieu et laisse voir ses pépins à l'intérieur. Souvent les grains se sèchent entièrement, ainsi que la grappe. Aucune autre maladie ne produit de pareils effets. La grappe reste suspendue à la souche.

AGENTS DE COMBAT. — Le *soufrage* est le seul remède connu; fait préventivement, la maladie ne se montre guère. Soufrez de bonne heure, à la floraison; puis parcourez la vigne, toutes les trois semaines, pour jeter encore du soufre partout où la maladie ferait irruption. Il faut choisir un temps calme et sec pour opérer le soufrage.

MILDIOU. — Le mildiou est encore un champignon qui s'attaque, comme le précédent, à toutes les parties vertes de la vigne, mais principalement aux feuilles. Il apparait à la suite d'une température alternativement humide et sèche : les brouillards, avec soleil après, sont une semence du mildiou. Vous le reconnaîtrez à des taches ressemblant à une pincée de cendres ou de poussière de sucre collée à l'envers de la feuille; vis-à-vis de chaque tache, mais cette fois par dessus, la feuille jaunit, puis devient brune; la maladie s'étend, la feuille tombe; alors, le raisin mûrit mal, reste petit, manque de sucre et donne un vin fort médiocre.

Agents de combat. — Le *sulfate de cuivre* est le plus puissant préservatif de cette maladie. Parmi tant de formules préconisées, nous donnons les trois suivantes :

BOUILLIE BORDELAISE

Formule ordinaire.	Eau..............	100 litres.
	Sulfate de cuivre ..	1 kil. 500.
	Chaux grasse.....	500 gr.
Formule forte.....	Eau..............	100 litres.
	Sulfate de cuivre ..	2 kilos.
	Chaux grasse.....	670 gr.

Préparation. — On fait fuser la chaux; on fait ensuite un lait de chaux; on passe ce lait de chaux dans un tamis fin; cela fait, on laisse tomber ce lait de chaux filtré, petit à petit, sur la solution de sulfate de cuivre en ayant soin de remuer fortement et à mesure qu'on fait le mélange.

BOUILLIE AU VERDET

Verdet gris de commerce, extra sec, en grains..............................	1 kilo.
Eau..................................	100 litres.

Préparation. — On fait dissoudre le verdet dans l'eau 3 ou 4 jours à l'avance. Pour plus grandes quantités, mettre 1 kilo de verdet par décalitre d'eau; puis prendre dans cette dissolution 10 litres pour mettre dans 90 litres d'eau. Cette solution a une faculté d'adhésion double de celle des bouillies préparées à la chaux.

BOUILLIE SUCRÉE

Dans 80 litres d'eau, délayer 2 kilos de chaux éteinte pesée à l'état vif;

Dans 10 litres d'eau, délayer 2 kilos de mélasse du commerce en agitant vivement; cela fait, on met la mélasse délayée dans le lait de chaux déjà obtenu, et on agite.

D'un autre côté, dans 10 litres d'eau encore, on fait dissoudre 2 kilos de sulfate de cuivre, et on les ajoute au premier mélange en agitant toujours. Cette préparation est celle qui résiste le plus de toutes les préparations connues.

. REMARQUE. — On trouve aujourd'hui des poudres à base de soufre et de cuivre qui, dit-on, sont propres à combattre toutes les maladies cryptogamiques de la vigne. Il faut être très prudent dans leur emploi : essayez d'abord en petit pour voir et comparer les résultats. Si on s'en trouve bien, les employer de préférence aux préparations ci-dessus, parce que cela épargnera argent et main-d'œuvre surtout.

ANTHRACNOSE. — C'est, avec le mildiou, une maladie des plus préjudiciables à la vigne. On a reconnu trois variétés d'*anthracnose*, savoir : L'anthracnose *ponctuée*, l'anthracnose *maculée* et l'anthracnose *déformante*.

L'anthracnose ponctuée est la seule des trois qui soit redoutable : quand elle est intense, elle s'attaque à la fois aux feuilles, aux sarments, à la grappe et aux grains. On la reconnaît facilement : les sarments sont courts, rabougris, tordus, cassants; ils portent des chancres noirs plus ou moins profonds. Peu vigoureux, ces sarments s'aoûtent mal; les feuilles qu'ils portent sont rougeâtres d'abord et parsemées de points noirs; bientôt elles se cloquent, se sèchent sur tout leur périmètre, et enfin, tombent avant d'avoir atteint leur complet développement. La grappe porte des signes presque en tout pareils à ceux des sarments et des feuilles : le raisin, son pédoncule, les pédicelles des grains sont atteints de chancres et rongés ; les grains couverts de points noirs ne croissent plus, se dessèchent et tombent; en un mot, tout ou presque tout disparaît.

L'anthracnose maculée et déformante, moins malignes que la précédente, causent peu ou pas de préjudice.

Agents de combat. — L'acide sulfurique, le sulfate de cuivre, le sulfate de fer et la chaux entrent dans le traitement de cette maladie. Voici des formules :

Première. — Préparez une bouillie bordelaise avec 10 kilos de sulfate de cuivre dans 80 litres d'eau; puis 7 à 8 kilos de chaux grasse dans 20 litres d'eau : mélangez.

Deuxième. — Acide sulfurique, dit de chambre à 53 degrés, 10 kilos; mélangez avec 100 litres d'eau.

Troisième. — *Répandre tous les huit jours, le matin, sur les feuilles, sarments et raisins, de la chaux réduite en poudre, soit par le contact de l'air, soit par un arrosage très superficiel.* (Procédé Grabias.)

Quatrième. — On répand sur 50 kilos de sulfate de fer un litre d'acide sulfurique dont nous avons parlé tout à l'heure et on fait fondre le tout dans 100 litres d'eau bouillante.

Huit ou dix jours avant le débourrage de la vigne, on badigeonne chaque cep au moyen d'un pinceau fait de vieux chiffons, ou répandre au pulvérisateur.

BLACK-ROT. — Quand on voit sur les feuilles des taches ayant l'aspect de feuille morte, c'est le black-rot qui les occasionne. Bien vite, cette maladie gagne le raisin; les grains se rident, deviennent noirs ou de la couleur de la tache observée sur la feuille; ils se sèchent, le jus du grain s'en va et la peau de celui-ci se colle contre les pépins. C'est une maladie qui marche très vite et cause des dégâts énormes. Le mildiou, se montrant par intermittences, trois ou quatre fois, pendant la période de la croissance des vignes, amène le black-rot qui n'est, peut-être qu'un mildiou très intense : rot-brun (1).

Le traitement de cette maladie est le même que celui du mildiou : sulfatez une fois de plus en forçant un peu les doses (2).

ERINOSE. — La tache de l'*érinose* se trouve sous la feuille et est blanche comme celle du mildiou, avec cette différence que l'érinose produit une boursouflure, et par cela même, très facile à reconnaître : cette tache devient rougeâtre en peu de temps : c'est la plus bénigne des maladies de la feuille; employez le soufre pour la combattre.

POURRIDIÉ. — Sur les sols humides et imperméables, le *pourridié* se montre souvent; l'humidité occasionne la pourriture des racines, aussi le drainage s'impose et même l'arrachage des souches

---

(1) Le black-rot enlève à peu près 1/20 des grains, le rot-brun souvent toute la récolte.

(2) Un essai fait cette année (1894) a arrêté net le black-rot comme le rot-brun, c'est celui-ci :

5 kilos de sulfate de cuivre ont été mis en dissolution dans 25 litres d'eau; puis, avec cette dissolution, on a fait fuser 1 hectolitre de chaux en jetant sur la chaux la dissolution précédente. Le tout a été mélangé avec soin et passé à un tamis. La poudre verdâtre qui en est résulté a été répandue comme le soufre.

atteintes que l'on reconnaît à des sarments malingres, rabougris, à feuilles sans développement. Cette maladie se manifeste encore sur les déboisements récents plantés en vignes; ici, cette maladie est amenée par infection : les racines restées à la suite du déboisement pourrissent, et cette décomposition entraîne celle des racines de la jeune vigne, car elle ne dure guère. Il n'est donc pas prudent de faire une plantation sur un terrain tel que celui que nous venons de désigner.

ROUGEOT. — La vigne a le *rougeot* quand, après de fortes chaleurs, les feuilles deviennent rouges. L'assainissement du terrain, la taille courte, le greffage, en un mot, tout ce qui peut contribuer à faire du bois nouveau peut être mis en usage pour combattre cette maladie.

FOLLETAGE. — Rarement le *folletage* attaque deux pieds de vigne, l'un à côté de l'autre : c'est une maladie sporadique, une espèce d'attaque d'apoplexie. Sans cause apparente, le cep meurt tout d'un coup, après avoir poussé des sarments et des raisins. On doit arracher la souche morte, assainir le terrain par un fossé profond et remplacer.

CHLOROSE. — Voici encore une maladie de la feuille de la vigne qui fait le désespoir du vigneron. L'excès d'humidité dans un terrain calcaire, produit, dit-on, la chlorose. Autrefois, le cépage français n'était jamais atteint de cette maladie, ou, c'était si rare, si peu de chose, qu'on n'y portait pas attention. Aujourd'hui, nos plants sont frappés, tout comme les américains.

Il n'y a pas que les vignes qui souffrent de cette

maladie : beaucoup d'arbres fruitiers subissent le même sort, et pourtant, il y a vingt-cinq ans, ces arbres, sur les mêmes terrains, étaient sains, verts, vigoureux. La couleur jaune des vignes ou des arbres, dénote la chlorose : on l'attribue au carbonate de chaux se dissolvant en trop grande abondance sous l'action de pluies persistantes : mais il pleuvait aussi autrefois, et nos vignes étaient situées sur le sommet de coteaux... bien calcaires !.....

Agents de combat. — 1° Le sulfate de fer en poudre au pied de chaque cep, et des aspersions de ce même produit sur les feuilles sont des remèdes qui atténuent, sinon guérissent la chlorose. Il faut 100 à 150 grammes de sulfate de fer en poudre autour de chaque pied; en solution 2 à 4 kilos par 100 litres d'eau : on peut appliquer la solution au moyen du pulvérisateur.

2° Depuis quelque temps on recommande beaucoup la bouillie noire de M. Rousselier : elle produit souvent de très bons résultats.

2° MALADIES DUES A DES INSECTES

PHYLLOXÉRA. — Par ses effets, vous connaissez tous le terrible phylloxéra; c'est le destructeur, sans rival, de nos vignobles. Comme on ne connaît pas de remède pratique pour le combattre, le mieux est, quand une vigne est atteinte, de l'arracher immédiatement. Après quelques récoltes, qu'on aura eu soin de bien fumer, on peut replanter des cépages américains.

Le sulfure de carbone détruit sûrement le phylloxéra, mais, outre que ce produit est d'un prix très élevé, son application, qu'il faut répéter au moins tous les deux ans, en est très difficile. Dans ces derniers temps, un chercheur, M. de Mély, s'est trouvé bien d'une application, au pied de chaque cep, d'un kilogramme de mousse de tourbe imprégnée d'huile de schiste.

ALTISE, CHARANÇON, EUMOLPE OU ÉCRIVAIN, LIMAÇON, URBEC, LISETTE OU COUPE-BOURGEONS. — A toute cette catégorie d'insectes, il faut faire une chasse acharnée; c'est le meilleur moyen pour les détruire.

PYRALE. — Cet insecte dépose ses œufs sur les feuilles; les chenilles qui en naissent descendent, vont se cacher dans les fissures de l'écorce et y passent l'hiver : on les détruit avec de l'eau bouillante dans laquelle on a fait dissoudre 10 kilos de sulfate de fer par 100 litres d'eau. On peut se servir d'un pulvérisateur.

COCHYLIS OU TEIGNE DE LA GRAPPE. — Il y a deux générations de ces teignes chaque année. Les larves d'automne passent, comme la pyrale, l'hiver sous l'écorce de la souche. On les détruit par le même procédé.

Voici une autre recette qu'on peut appliquer avec le pulvérisateur :

Savon noir...............	3 kilos.
Eau.......................	10 litres.
Poudre de pyrèthre......	1 k. 500.

On mêle, on agite et on verse dans 90 litres d'eau.

Observation importante. — Le plus sûr moyen

de détruire les insectes, rappelez-vous-le toujours, agriculteurs, c'est de protéger les petits oiseaux : voilà les vrais destructeurs d'insectes; vos auxiliaires les plus effectifs dans cette partie de votre besogne dont vous n'arriverez jamais à bout, sans leur concours.

D'un autre côté, tous les insectes nuisibles, dont nous avons parlé plus haut, ont leurs ennemis naturels, car il y a des insectes carnassiers, comme il y a des animaux carnassiers; ainsi, le *Carabe doré* ou *Jardinière*, les *Malachies*, l'*Hémeraude* aux ailes transparentes et vertes, font une guerre acharnée aux ennemis de la vigne.

D'autres insectes, d'un autre ordre, très intéressants aussi, les ICHNEUMONS et les CHALCIDES, parmi lesquels on trouve : l'ANOMALON jaunâtre, l'ICHNEUMON-MÉLANOGON, le DIPHOLOPE bronzé, l'EUMÈNE-ROTALE, etc., déposent leurs œufs dans des piqûres faites à la peau des petits ravageurs des vignes; l'œuf éclot, et l'insecte qui naît, fait sa nourriture de celui qui le porte.

VŒU

Mais comment reconnaître ces insectes utiles? C'est presque impossible, si l'on ne vient pas à votre aide.

Le ministère de l'Agriculture, de concert avec celui de l'Instruction publique, devraient s'empresser de faire exécuter, et puis adresser, un tableau très voyant, à toutes les écoles publiques de France, tableau qui contiendrait d'un côté tous les oiseaux et insectes utiles, auxiliaires naturels du cultivateur;

de l'autre, tous les insectes nuisibles dont il convient de se débarrasser. Un pareil sacrifice produirait les plus heureux résultats tant à la ville qu'à la campagne : d'ailleurs, nous ne voyons pas de moyens plus propres que celui-là, à vulgariser cette connaissance, à mettre le cultivateur à même de se familiariser avec ses ennemis pour les détruire, ou avec ses auxiliaires pour les protéger.

A PROPOS DU SULFATAGE

En parlant du mildiou, nous vous avons fait connaître les formules les meilleures, connues jusqu'à ce jour; mais nous ne vous avons rien dit, du moment où il fallait exécuter cette opération :

Le contenu du présent paragraphe va vous renseigner.

Quand la vigne porte une belle récolte, il faut par tous les moyens la conserver, il va sans dire donc, qu'il faut soufrer si l'oïdiun est à craindre, et sulfater pour combattre le mildiou ou chute de la feuille. — Les traitements cupriques ou sulfatages ne doivent jamais se faire par un temps trop chaud, ni au moment où les pousses sont encore trop tendres : un temps sombre est le meilleur. Le soir et le matin sont encore propices. Si des brûlures surviennent sur les feuilles et les raisins, elles dépendent uniquement du moment où les solutions cupriques sont répandues, et non, de la composition même de cette solution. L'eau pure pulvérisée sur les feuilles, les jours où le soleil est brûlant, produit le grillage.

Pour prévenir un pareil accident, il faut que la solution, qu'elle qu'elle soit, contienne, en excès de la chaux, du carbonate de soude, etc., pour décomposer entièrement tout le sulfate de cuivre : le trop peu de l'un de ces derniers ingrédients peut occasionner le grillage, tout comme le grand soleil.

On exécute le premier sulfatage dès que tous les raisins se sont à peu près montrés, ou un peu avant le début de la floraison. On devrait prendre l'habitude de sulfater toutes les trois semaines, surtout dans les années pluvieuses et à brouillards : un brouillard doit toujours être suivi d'un sulfatage énergique. Dans les années sèches, on peut se dispenser de répéter cette opération si souvent.

FORMULES D'ENGRAIS POUR LA VIGNE

Comme on demandera de grands rendements à la vigne américaine greffée, il faudra avoir soin de lui donner de bons engrais pour lui maintenir sa fertilité; faute de cette précaution, la vigne ira sans cesse s'appauvrissant, et, un jour viendra où le rendement pourra être nul.

PREMIÈRE FORMULE

Formule de M. Georges Ville.	Superphosphate	400	kilos
	Carbonate de potasse.	200	—
	Plâtre	400	—

Cette formule est tout particulièrement recommandée par ce savant agronome. Appliquée dans un terrain, déjà riche en azote, avec taille un peu longue de la vigne, cette quantité de 1,000 kilos produit, dit-on, de merveilleux effets. Il faut répartir ces 1,000 kilos entre tous les ceps contenus dans un hectare.

DEUXIÈME FORMULE : VIGNES EN PRODUCTION

Superphosphate...	400 kilos.	Au moment de rechausser la vigne, on répand l'engrais en avant et en arrière des ceps et l'on recouvre à la charrue.
Sulfate de potasse.	150 —	
Nitrate de soude..	100 —	

TROISIÈME FORMULE : VIGNES FAIBLES

Superphosphate......	400 kilos.	A employer comme ci-dessus.
Sulfate de potasse....	150 —	
Nitrate de soude......	200 —	

QUATRIÈME FORMULE : VIGNES TRÈS FAIBLES

Superphosphate.....	400 kilos.	A employer comme ci-dessus.
Sulfate de potasse....	150 —	
Nitrate de soude.....	200 —	
Sulfate d'ammoniaque	100 —	

AUTRE TOUTE RÉCENTE

Nitrate de soude dosant 15 d'azote......	150 kilos.
Tourteaux de sésame dosant 6 d'azote..	300 —
Sulfate de potasse..................	150 —
Superphosphate dosant 14 à 15........	300 —
Plâtre à volonté..... ou au moins......	400 —

Observation. — Voici ce que 1.000 kilos de bois et de vin enlèvent à la vigne : cette note pourra servir de guide pour restituer à un vignoble, chaque année, ce que ses produits lui enlèvent.

D'un côté : bois abattu :		De l'autre : vin récolté :		Ensemble :
—		—		—
Acide phosph.	3k05.	Acide phosph.	1k05.	5k00.
Potasse......	7k08.	Potasse......	2k04.	10k20.
Chaux.......	9k00.	Chaux.......	3k00.	12k00.
Azote........	0k00.	Azote........	2k00.	2k00.

Il va de soi qu'on peut remplacer les engrais des formules précédentes par du fumier de ferme — le nôtre; cependant, il serait peut-être préférable d'employer le plus souvent les engrais chimiques, parce que ceux-ci ont le précieux avantage de ne pas porter des semences avec eux, et, par suite, de ne pas salir la plantation.

Les formules ci-dessus peuvent aussi s'appliquer aux arbres fruitiers pour lesquels, en fait de l'épandage, on procède comme pour la vigne.

Puisque nous vous avons donné des conseils et des indications pour avoir des récoltes vigoureuses, pleines de santé, il nous a paru bon aussi, de vous donner quelques courtes instructions, pour conserver votre vigueur et votre santé, dons plus précieux que toutes les richesses : c'est donc par quelques petits conseils d'hygiène pour vous et vos animaux domestiques que nous allons terminer ce petit manuel.

PRÉCEPTES

BONS CONSEILS ET RECETTES UTILES

« Là où règne la PROPRETÉ, la MALADIE n'entre pas ! »

Ton logis bien souvent doit être nettoyé,
Si tu veux conserver toujours bonne santé !
Les animaux aussi, soumis aux mêmes soins,
Se portent toujours mieux avec pailles et foins.

Jamais près du fumier n'ayez puits ni fontaine,
Si vous voulez avoir la boisson toujours saine !

SANTÉ ET MALADIE

Guérir les maladies, c'est bien ; les empêcher de se produire, c'est mieux encore !

La première condition pour bien se porter, c'est d'éviter tous les excès, manger et boire avec modération.

L'abus des boissons mène à l'alcoolisme, qui entraîne de graves maladies et, le plus terrible, c'est que les enfants en sont les malheureux héritiers !

Prendre de l'exercice sans fatigue, se coucher et

se lever de bonne heure, fuir tous les excès, même l'excès de travoil : alors on a des chances pour ne pas tomber malade.

On doit se préoccuper beaucoup aussi de la manière dont on est logé : les logements *humides, bas, mal aérés* et surtout MALPROPRES sont très malsains !

Il faut souvent renouveler l'air des appartements, ne pas les chauffer au-dessus de 15 à 18 degrés, éviter le passage brusque du chaud au froid et du froid au chaud ; se couvrir progressivement à l'approche de l'hiver et se découvrir avec précaution au printemps.

Eviter le froid et l'humidité aux pieds et la trop forte chaleur à la tête ; s'aguerrir contre le froid, en n'abusant pas de cache-nez, manchons, chaufferettes; l'excès de précautions lui-même est une imprudence !

Surveiller la nourriture : de sa qualité peut dépendre la santé ! — Les meilleurs aliments sont ceux composés, dans une juste proportion de viandes et de légumes.

Il ne faut manger que des fruits mûrs, peu de gâteaux et autres friandises, boire de l'eau bien saine.

ANIMAUX DOMESTIQUES

Propreté et bonne nourriture, telle est, en résumé, comme pour les gens, toute l'hygiène des animaux de la ferme.

Que tous leurs logements soient, comme vos demeures, assez vastes, bien aérés, pour que les bêtes y respirent à l'aise, souvent nettoyés et désinfectés à l'eau phéniquée ou au chlorure de chaux, afin de détruire les germes des maladies avant qu'elles se manifestent.

Il faut veiller à ce que le sol des étables ne soit pas humide par nature : On voit parfois, successivement, plusieurs animaux devenir malades à la même loge; c'est le voisinage souterrain d'une source qui cause tout le mal. Dévier l'eau par un drainage et tout danger est écarté.

Dès que vous avez un animal malade, appelez un vétérinaire *diplômé* et, s'il constate une maladie *contagieuse,* ne manquez pas de vous conformer à toutes ses prescriptions, afin de conserver vos droits à une *forte indemnité et éviter les rigueurs de la loi à ce sujet.*

DESTRUCTION DES CHENILLES ET DES INSECTES PAR L'EAU DE SAVON

Faire de *l'eau de savon,* à la dose moyenne de 3 à 5 grammes par litre d'eau, et répandre sur l'ennemi, à l'aide d'un pulvérisateur ou d'un petit balai.

C'est un très bon remède, sans danger pour les animaux.

DESTRUCTION DES RATS

On prend de la chaux vive (en pierre et non en poudre), on la pulvérise dans un mortier et on passe au tamis; on y ajoute autant de sucre en poudre, et on étend le mélange en divers endroits fréquentés par les souris et les rats.

On comprend ce qui arrive!

COMMENT ON PREND LES LIMACES

Etendre de la graisse ou du mauvais beurre sur de petites planchettes; les placer le soir dans les endroits infestés : le lendemain matin, toutes les planchettes sont couvertes de limaces; il n'y a plus qu'à les tuer.

MOYENS D'ÉLOIGNER LES FOURMIS OU DE LES DÉTRUIRE

1° Mettre de l'eau sucrée et un peu de rhum dans un vase quelconque; les fourmis viennent s'y noyer par milliers;

2° Tracer de larges lignes au blanc d'Espagne autour des objets dont on veut les éloigner;

3° Répandre du pétrole dans leur refuge ou badigeonner, avec cette huile, les tiges d'arbres à protéger;

4° Enfin, l'eau de savon jaune en a vite raison.

REMÈDE CONTRE LA MALADIE DES POMMES DE TERRE

Dans un hectolitre d'eau, on met 6 kilos de sulfate de cuivre et 6 kil de chaux, et on arrose au pulvérisateur les plants. (Prilleux.)

DESTRUCTION DE LA MOUSSE ET DE LA CUSCUTE

1° Contre la mousse, prenez du *sulfate de fer* en poudre et répandez-le, après un hersage énergique du pré envahi, à la dose de 250 kilos par hectare; si la mousse reparait sur quelques points, jetez encore 100 kilos.

2° La cuscute, ou gale des luzernes, disparaît aussi sous l'action du sulfate de fer : faucher les places envahies et un peu en dehors, arroser ces places, ainsi que l'herbe coupée, avec une solution de sulfate de fer faite dans les proportions de 10 kilos de sulfate sur 100 litres d'eau; répéter l'opération, si la cuscute reparaît en quelque endroit mal atteint la première fois. Enfin brûler ou mettre en compost (avec sulfate de fer) ce qui a été coupé et déjà arrosé.

AUTRE REMÈDE CONTRE LES CHENILLES

Eau..................	100 litres.
Savon noir...........	5 —
Pétrole..............	3 —

Faire fondre le savon noir dans une certaine quantité d'eau chaude, laisser refroidir, ajouter le pétrole en remuant et compléter le mélange par l'addition de l'eau et le répandre.

DESTRUCTION DES VERS DE TERRE

Avant de faire un semis de graine fine, arroser la terre avec de l'eau contenant en suspension de la chaux en poudre; au bout de deux minutes, les vers sortent de terre et meurent.

CONTRE LES VERS DES VEAUX

Acide phénique...	2 grammes.
Eau.............	200 grammes.

Agiter fortement, afin que le mélange s'opère; puis, au moment d'administrer, ajouter encore 200 grammes d'eau chaude, de façon que le tout soit à la température du lait, c'est-à-dire, 38 à 40 degrés.

MALADIES DU VIN

La graisse : elle est facilement guérissable.

N° 1. — Cette maladie est un microbe qui forme chapelet. Ce microbe a peur de l'air et l'oxigène de celui-ci le tue. Le vin prend la graisse quand il manque de tannin. Pour le guérir, il faut le faire aérer en le laissant tomber d'une certaine hauteur. On achève sa guérison en ajoutant par hectolitre de vin de 50 à 100 grammes de tannin délayé dans une petite quantité de vin. Cette maladie se rencontre le plus souvent dans les vins blancs et dans les vins égrappés.

Fermentation du vin : vin trouble

N° 2. — Pour vin trouble fermentant, la première condition est de soutirer et de faire aérer le vin ; puis de le remettre dans un autre tonneau fortement mêché.

Voici la meilleure de toutes les mêches :

Prenez un bandeau de toile, trempez-le dans de la teinture de benjoin ; laissez égoutter et sécher la mêche. Faites fondre du soufre à un feu doux dans lequel vous aurez mélangé un peu de poudre de tannin et de canelle dans les proportions suivantes :

2 de soufre.
1 de poudre de tannin.
1 de poudre de canelle.

Quand le mélange est bien homogène, trempez-y vos mêches ayant déjà reçu le benjoin. Il faut 10 centimètres par bordelaise.

FIN.

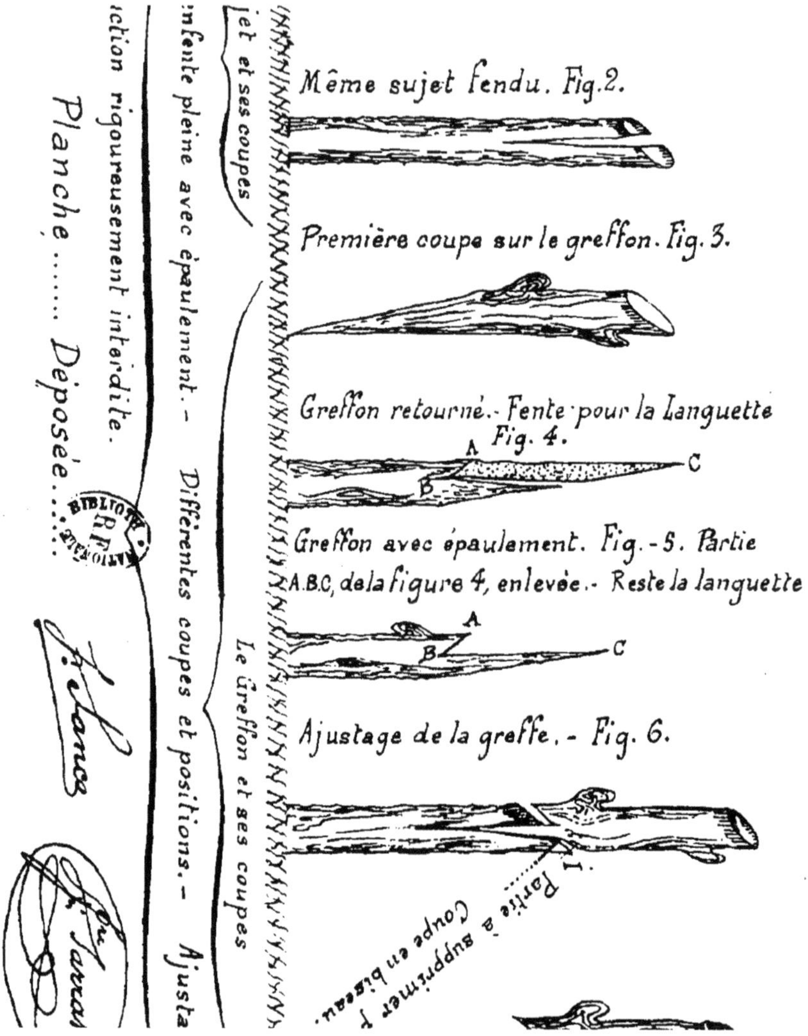

Même sujet fendu. Fig. 2.

Première coupe sur le greffon. Fig. 3.

Greffon retourné. - Fente pour la Languette Fig. 4.

A B C

Greffon avec épaulement. Fig. - 5. Partie A.B.C, de la figure 4, enlevée. - Reste la languette

A B C

Ajustage de la greffe. - Fig. 6.

I. Partie à supprimer par Coupe en biseau.

...jet et ses coupes

Le Greffon et ses coupes

...nfente pleine avec épaulement. - Différentes coupes et positions. - Ajusta...

...iction rigoureusement interdite.

Planche ...... Déposée ......

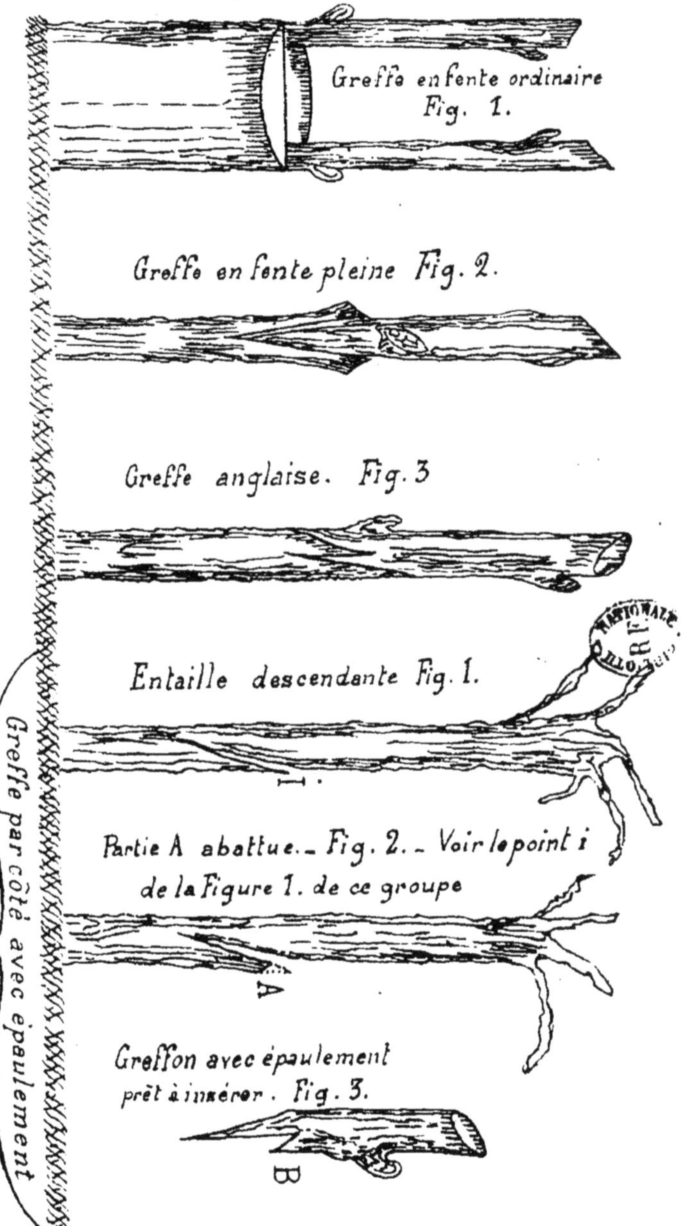
Greffe en fente ordinaire
Fig. 1.
Greffe en fente pleine Fig. 2.
Greffe anglaise. Fig. 3
Entaille descendante Fig. 1.
i
Partie A abattue. - Fig. 2. - Voir le point i
de la Figure 1. de ce groupe
A
Greffon avec épaulement
prêt à insérer. Fig. 3.
B
Greffe par côté avec épaulement

TABLE DES MATIÈRES

CHAPITRE IV

CHAPITRE V. — La Vigne

PRÉCEPTES

FIN.

www.ingramcontent.com/pod-product-compliance
Ingram Content Group UK Ltd.
Pitfield, Milton Keynes, MK11 3LW, UK
UKHW021106220726
13924UKWH00004B/1541